中国安全风险治理和安全发展系列成果

城市重点场所
动态消防安全风险评估方法与实践

The Method and Practice of Dynamic Fire Safety
Risk Assessment in Key Urban Sites

卢　颖　陈万红　姜学鹏　著

华中科技大学出版社
中国·武汉

内 容 简 介

为积极响应"十四五"国家消防工作规划,顺应新时代背景下消防安全智能化、动态化的风险评估需求,本书从指标、模型、系统三个方面阐述了城市重点场所动态消防安全风险评估的方法与实践。

全书共分为 8 章;第 1 章为概述,介绍消防安全风险评估的背景和动态消防安全风险评估的内涵等;第 2 章主要介绍支撑动态消防安全风险评估的技术与方法;第 3、4 章介绍了动态消防安全风险评估的指标选取及体系优化;第 5 章为动态消防安全风险评估模型的建立;第 6 章为城市重点场所赛事活动安保力量动态配置与优化;第 7 章为动态消防安全风险评估系统的研发及应用;第 8 章对动态消防安全风险评估理论和技术的发展前景进行了展望。

本书可供从事消防安全风险评估的工作者参考,也可作为相关专业的本科生和研究生的教科书。

图书在版编目(CIP)数据

城市重点场所动态消防安全风险评估方法与实践/卢颖,陈万红,姜学鹏著.—武汉:华中科技大学出版社,2023.12
ISBN 978-7-5772-0101-6

Ⅰ.①城… Ⅱ.①卢… ②陈… ③姜… Ⅲ.①城市消防-风险评价 Ⅳ.①TU998.1

中国国家版本馆 CIP 数据核字(2023)第 247678 号

城市重点场所动态消防安全风险评估方法与实践
Chengshi Zhongdian Changsuo Dongtai Xiaofang Anquan
Fengxian Pinggu Fangfa yu Shijian

卢　颖　陈万红
姜学鹏　　　　著

策划编辑:王　勇
责任编辑:姚同梅　周　麟
封面设计:廖亚萍
责任监印:朱　玢
出版发行:华中科技大学出版社(中国·武汉)　　电话:(027)81321913
　　　　　武汉市东湖新技术开发区华工科技园　　邮编:430223
录　　排:武汉市洪山区佳年华文印部
印　　刷:武汉科源印刷设计有限公司
开　　本:710mm×1000mm　1/16
印　　张:15.5
字　　数:252 千字
版　　次:2023 年 12 月第 1 版第 1 次印刷
定　　价:88.00 元

　　2022 年,党的二十大报告对统筹发展和安全作出战略部署,"安全"一词出现了 91 次,成为二十大报告中十分重要的高频词汇。党的二十大报告明确指出:"提高公共安全治理水平。坚持安全第一、预防为主,建立大安全大应急框架,完善公共安全体系,推动公共安全治理模式向事前预防转型。"随着新时代社会经济发展和人民生活水平提升,城市重点场所人员密集度提高,公共功能更加多样,消防安全形势愈发复杂。在新时代"数字中国"战略的引领下,智慧消防建设成效初显,城市重点场所消防物联网监测即将步入数据量爆炸性增长的"大数据"时代。数据量增长使得消防安全风险的实时动态评估成为可能,但同时也带来了信息冗余和关键信息弱化等问题。因此,针对消防安全评估的"动态"需求,深入研究城市重点场所动态消防安全风险评估的理论与方法,对开展智慧城市火灾防控工作具有重大意义。

　　本书系统地介绍了作者近年来在动态消防安全风险评估方面的研究成果,主要创新性工作有:针对基于物联网的消防安全评估指标较难量化以及监测数据描述性统计带来的"伪动态"问题,构建了全量化的城市重点场所动态消防安全风险评估指标体系;针对大数据背景下消防物联网监测信息量大、关键信息弱化等问题,引入随机森林算法开展指标体系优化研究;针对常规消防安全风险评估模型存在的主观性较强的问题,开展多种机器学习算法的动态消防安全风险分类预测研究;创新性地开展了群众性活动安保力量配置与优化研究;以某市为例完成了作者在动态消防安全风险评估方面研究成果的实际集成应用,研发了"全链式"动态消防安全风险评估系统。本书反映了当前国内外动态消防安全风险评估的新理论和新趋势,有助于加深读者对城市重点场所动态消防安全风险评估重要性的认识,推动科学研究的继续深入,同时也有助于消防安全风险评估新方法和新技术的推广,为全面提升城市重点场所火灾防控水平提供理论依据和技术支撑。

本书共八章。

第1章动态消防安全风险评估概论,介绍了消防安全风险评估研究现状和发展趋势,提出了动态消防安全风险评估的概念与内涵。

第2章动态消防安全风险评估技术基础,阐述了大数据技术、云计算技术、物联网技术、数字孪生技术、地理信息系统、虚拟现实技术、区块链技术等在消防领域中的应用。

第3章动态消防安全风险评估指标构建,提出了动态消防安全风险评估指标设计的原理与原则,构建了全量化的体育场馆动态消防安全风险指标体系及其阈值。

第4章动态消防安全风险评估指标优化,剖析了大数据背景下物联网监测数据过量导致的关键信息弱化等问题,建立了基于随机森林算法的特征选择方法,优化了动态指标体系。

第5章动态消防安全风险评估模型建立,针对常规消防安全评估主观性较强的问题,对消防物联网监测数据进行数据清洗与降噪,运用多种机器学习算法和交叉验证策略,建立了动态消防安全风险预测模型。

第6章赛事活动安保力量动态配置与优化,阐述了赛事活动安保力量配置机制,建立了基于BP神经网络的安保力量配置与预测模型。

第7章动态消防安全风险评估系统研发及应用,介绍了"全链式"动态消防安全风险评估系统,该系统实现了单位、行业、区域消防安全风险的实时动态评估和预警。

第8章展望,对动态消防安全风险评估理论和技术的发展前景进行了展望。

在本书撰写过程中我们得到了武汉市消防救援支队、武汉理工光科股份有限公司等单位的大力支持,武汉科技大学安全与应急研究院、消防安全研究中心赵志攀、范小鹏、张毅、李亚鑫等研究生为本书相关研究成果付出了辛勤努力,在此致以诚挚的谢意。同时,本书参阅并引用了大量国内外同行的优秀研究成果和文献,限于篇幅,不一一列出,在此表示衷心的感谢。

感谢武汉科技大学教材建设立项项目对本书出版的资助,感谢湖北省安全生产专项资金科技项目(SJZX20230907)、教育部产学合作协同育人项目(220802910263738、220802910233531)对本研究课题的资助。

本书由卢颖、陈万红和姜学鹏著,蒋京君、付闻和卞玉超参与撰写。其中第1章由卢颖和姜学鹏撰写,第2章由蒋京君、付闻和卞玉超撰写,第3章由卢颖和姜学鹏撰写,第4章由卢颖、姜学鹏和卞玉超撰写,第5章由卢颖、姜学鹏和蒋京君撰写,第6章由卢颖、姜学鹏和付闻撰写,第7、8章由陈万红撰写。

本书可供从事消防安全工作的技术人员及管理人员学习参考,也可供高等院校安全科学与工程、消防工程、应急管理等专业的教师和学生使用。

鉴于作者水平有限,书中难免有疏漏与不妥之处,敬请广大读者批评指正。

卢颖

2023 年 7 月

目　录

第1章　动态消防安全风险评估概论　/1

1.1　研究背景和意义　/1

1.1.1　城市重点场所消防安全风险形势　/1

1.1.2　体育场馆发展状况　/5

1.1.3　体育场馆火灾危险　/6

1.1.4　智慧消防风险评估需求　/10

1.2　动态消防安全风险评估概念与内涵　/11

1.2.1　消防安全风险概念　/11

1.2.2　消防安全风险动态特性　/13

1.2.3　动态消防安全风险评估概念　/14

1.2.4　动静态消防安全风险评估差异性　/15

1.2.5　动态消防安全风险评估层级　/16

1.3　国内外研究现状评述　/18

1.3.1　消防安全风险评估指标研究　/18

1.3.2　消防安全风险评估方法研究　/28

1.3.3　动态消防安全风险评估难点　/30

1.4　本书主要内容与研究路线　/32

1.4.1　主要内容　/32

1.4.2　研究路线　/33

本章参考文献　/35

第2章 动态消防安全风险评估技术基础 /39

2.1 大数据与云计算技术 /39

2.1.1 大数据技术相关概念 /39

2.1.2 云计算相关概念 /41

2.1.3 大数据与云计算在消防领域中的应用 /44

2.2 物联网技术 /46

2.2.1 物联网相关概念 /46

2.2.2 物联网体系结构 /47

2.2.3 物联网在消防领域中的应用 /48

2.3 数字孪生技术 /51

2.3.1 数字孪生技术相关概念 /51

2.3.2 数字孪生技术在消防领域中的应用 /52

2.4 地理信息系统 /53

2.4.1 地理信息系统概念 /53

2.4.2 GIS 在消防领域中的应用 /54

2.5 虚拟现实技术 /58

2.5.1 虚拟现实技术概念 /58

2.5.2 虚拟现实技术在消防领域中的应用 /58

2.6 区块链技术 /60

2.6.1 区块链技术的原理与特点 /60

2.6.2 区块链技术在消防领域中的应用 /62

本章参考文献 /63

第3章 动态消防安全风险评估指标构建 /66

3.1 动态消防安全风险评估指标设计原理和原则 /66

3.1.1 动态消防安全风险评估指标设计原理 /66

3.1.2 动态消防安全风险评估指标设计原则 /69

3.2 动态消防安全风险评估指标体系框架 /71

3.2.1 动态消防安全风险评估指标要素确定 /71

3.2.2 动态消防安全风险评估指标框架构建 /74

3.3　动态消防安全风险指标定量设计　/76

　　3.3.1　固有安全性指标设计与量化处理　/76

　　3.3.2　动态安全性指标设计与量化处理　/79

3.4　动态消防安全风险指标阈值研究　/84

　　3.4.1　定性指标阈值确定　/84

　　3.4.2　定量指标阈值确定　/88

3.5　本章小结　/93

本章参考文献　/93

第4章　动态消防安全风险评估指标优化　/96

4.1　消防物联网大数据时代的动态指标信息处理问题　/96

　　4.1.1　监测指标全面性导致的信息弱化问题　/96

　　4.1.2　指标设计主观性导致的信息失真问题　/97

4.2　随机森林算法在消防大数据特征选择中的适用性　/98

　　4.2.1　随机森林模型的基本结构　/99

　　4.2.2　随机森林模型的构建过程　/101

　　4.2.3　利用随机森林算法计算指标重要度　/104

4.3　基于随机森林算法的指标体系优化　/105

　　4.3.1　数据收集与模型试验　/105

　　4.3.2　动态指标优化结果分析　/107

　　4.3.3　利用相关性验证随机森林模型优化的合理性　/111

4.4　本章小结　/113

本章参考文献　/113

第5章　动态消防安全风险评估模型建立　/116

5.1　传统消防安全风险评估方法　/116

　　5.1.1　指标权重确定方法　/116

　　5.1.2　评估值及风险等级确定　/122

5.2　机器学习算法对于消防安全风险评估的适用性　/123

　　5.2.1　机器学习算法概述　/123

　　5.2.2　机器学习算法适用性分析　/125

5.3 动态消防安全风险建模选用的机器学习算法 /126

5.3.1 机器学习算法对比 /126

5.3.2 多层感知机 /128

5.3.3 Bagging 算法 /130

5.3.4 AdaBoost 算法 /130

5.3.5 梯度提升决策树 /132

5.3.6 支持向量机 /134

5.4 动态消防安全风险评估数据处理 /135

5.4.1 数据清洗 /135

5.4.2 特征选择与分析 /136

5.4.3 皮尔逊特征相关性分析 /138

5.4.4 数据类别平衡处理 /138

5.5 基于机器学习算法的动态消防安全风险评估模型构建与实验 /140

5.5.1 动态消防安全风险评估模型构建 /140

5.5.2 多种机器学习算法建模的对比实验 /141

5.6 最优动态消防安全风险评估模型结果与讨论 /146

5.6.1 最优分类预测模型的获取 /146

5.6.2 消防安全风险特征重要性可解释分析 /152

5.7 本章小结 /171

本章参考文献 /172

第6章 赛事活动安保力量动态配置与优化 /175

6.1 赛事活动安保力量配置机制 /175

6.1.1 一般赛事 /176

6.1.2 大型赛事 /178

6.2 赛事活动安保力量配置模型 /179

6.2.1 赛事活动安保力量配置的影响因素分析 /179

6.2.2 人工神经网络对于安保力量配置预测的适用性 /182

6.2.3 基于BP神经网络的安保力量配置模型构建 /186

6.3 一般赛事活动安保力量配置建模与预测实例 /188

6.3.1 数据收集 /188

6.3.2 MATLAB 的 BP 神经网络实现 /189

6.3.3 结果分析与讨论 /192

6.4 大型赛事活动安保力量配置建模与预测实例 /194

6.4.1 数据收集 /194

6.4.2 MATLAB 的 BP 神经网络实现 /195

6.4.3 结果分析与讨论 /196

本章参考文献 /197

第 7 章 动态消防安全风险评估系统研发及应用 /201

7.1 动态消防安全风险评估系统总体设计 /201

7.1.1 系统架构 /201

7.1.2 网络拓扑 /202

7.1.3 数据汇集 /204

7.1.4 功能设计 /207

7.2 "全链式"动态消防安全风险评估系统 /208

7.2.1 系统概念及原理 /208

7.2.2 单位动态消防安全风险评估模块 /210

7.2.3 行业动态消防安全风险评估模块 /228

7.2.4 区域动态消防安全风险评估模块 /230

7.2.5 系统建设成效 /231

本章参考文献 /232

第 8 章 展望 /233

第 1 章
动态消防安全风险评估概论

随着人民生活水平的提高,城市重点场所消防安全问题越来越受关注。智慧消防技术发展,对城市重点场所消防安全风险评估提出了新的动态需求。本章介绍了消防安全风险评估研究现状和发展趋势,提出了动态消防安全风险评估的概念与内涵,确立了本书的主要内容和研究路线。

1.1 研究背景和意义

1.1.1 城市重点场所消防安全风险形势

灾害是由自然因素、人为因素或二者共同引发的,对人类生命、财产和生存发展环境造成危害的现象或过程。

火灾是指在时间或空间上失去控制的燃烧所造成的灾害。在各种灾害中,火灾是发生频率较高、造成损失较大的主要灾害之一,它不仅可毁坏物质财产,造成社会秩序的混乱,还可直接或间接危害人们的生命,给人们的身心造成极大的伤害。随着社会生产力的发展,社会财富日益增加,火灾造成的损失增多和火灾危害范围扩大成为一种总趋势,这也是一种客观规律[1,2]。

根据相关数据统计,我国 2010—2022 年的火灾基本情况如表 1.1 所示。

表 1.1　我国 2010—2022 年火灾基本情况

年份	火灾发生起数/万起	直接经济损失/亿元	死亡人数/人	受伤人数/人
2010 年	13.2	19.6	1205	624
2011 年	12.5	20.6	1108	571
2012 年	15.2	21.8	1028	575
2013 年	38.9	48.5	2113	1637
2014 年	39.5	43.9	1817	1493
2015 年	33.8	39.5	1742	1112
2016 年	31.2	37.2	1582	1065
2017 年	28.1	36	1390	881
2018 年	23.7	36.75	1407	798
2019 年	23.3	36.12	1335	837
2020 年	25.2	40.09	1183	775
2021 年	74.8	67.5	1987	2225
2022 年	82.5	71.6	2053	2122

由表 1.1 可知,我国 2010—2012 年的年均火灾发生起数约为 13.6 万起,年均直接经济损失达 20.7 亿元。而 2013—2016 年,火灾发生起数增多,年均火灾发生起数超过 30 万起,年均直接经济损失超过 40 亿元。2017—2020 年,火灾发生起数、直接经济损失、伤亡人数等整体呈平稳趋势,而 2021—2022 年,火灾发生起数骤然上升,直接经济损失、伤亡人数等也随之上升。

综上可知,近年来我国火灾发生频次正在升高。同时,也可发现最近几年火灾成因更加复杂多样,消防安全工作形势愈发严峻,重大特大型火灾的时有发生和小型火灾的频繁发生都表明消防安全工作任重而道远。由于城市各类场所中发生火灾的概率、频率和危险性有所不同,合理地对城市重点场所的消防安全层级进行划分非常必要。对火灾高发、火灾危险系数高、火灾防控难度大的场所,应进行重点防控。消防安全重点场所可以分为以下三类。

1. 人员密集场所

根据《人员密集场所消防安全管理》(GB/T 40248—2021)[3]的规定,人员密集场所即人员聚集的室内场所,包括公众聚集场所(包括宾馆、饭店、商场、集贸市场、客运车站候车室、客运码头候船厅、民用机场航站楼、体育场馆、会堂以及公共娱乐场所等),医院的门诊楼、病房楼,学校的教学楼、图书馆、食堂和集体宿舍,养老院,福利院,托儿所,幼儿园,公共图书馆阅览室,公共展览馆、博物馆的展示厅,劳动密集型企业的生产加工车间和员工集体宿舍,旅游、宗教活动场所等。

2. 火灾高危单位

依据《湖北省火灾高危单位消防安全管理规定》[4],火灾高危单位是指火灾风险高,且容易造成群死群伤火灾的单位。符合下列条件之一的消防安全重点单位应确定为火灾高危单位。

(1) 较大规模的人员密集场所。

① 建筑总面积大于 3 万平方米(含本数、下同)或客房数在 300 间以上的宾馆(旅馆、饭店)。

② 建筑总面积大于 3 万平方米或从业人员超过 300 人或年营业收入超过 2 亿元的商场、市场。

③ 建筑总面积大于 2 万平方米的民用机场航站楼、日发量在 3000 人次以上的客运车站候车室、年发客量大于 200 万人的客运码头候船厅。

④ 建筑总面积大于 2 万平方米的体育场馆、会堂、公共展览馆、博物馆的展示厅,总藏书量超过 320 万册(件)的图书馆。

⑤ 建筑总面积大于 2000 平方米的公共娱乐场所。

⑥ 三级医院、住宿床位数在 100 张以上的养老机构、托儿所、幼儿园和住宿床位数在 500 张以上的寄宿制学校。

⑦ 从业人员超过 300 人的劳动密集型企业。

(2) 从业人员超过 200 人或年营业收入超过 2000 万元的生产、储存、经营易燃易爆危险品的场所单位。

(3) 采用木结构或砖木结构建设的全国重点文物保护单位。

(4) 其他容易发生火灾且一旦发生火灾可能造成重大人身伤亡或者财产损

失的单位。

① 省及市党委、人大、政府、政协等国家机关办公楼。

② 属于或者含有较大规模人员密集场所的地下公共建筑。

③ 建筑总面积大于 3 万平方米的电力调度楼、电信楼、邮政楼、防灾指挥调度楼、广播电视楼、档案楼。

④ 单体建筑面积大于 10 万平方米或建筑高度超过 100 米的其他公共建筑。

⑤ 工业建筑,生产、储存火灾危险性为丙类及以上且建筑面积(储罐区占地面积)在 5 万平方米以上的厂房。

⑥ 地下交通工程。

⑦ 其他具有重大火灾危险性或发生火灾后可能造成重大危害的单位。

3. 消防安全重点单位

依据《机关、团体、企业、事业单位消防安全管理规定》(中华人民共和国公安部令第 61 号)第十三条规定,下列范围的单位是消防安全重点单位:

(1) 商场(市场)、宾馆(饭店)、体育场(馆)、会堂、公共娱乐场所等公众聚集场所(以下统称公众聚集场所);

(2) 医院、养老院和寄宿制的学校、托儿所、幼儿园;

(3) 国家机关;

(4) 广播电台、电视台和邮政、通信枢纽;

(5) 客运车站、码头、民用机场;

(6) 公共图书馆、展览馆、博物馆、档案馆以及具有火灾危险性的文物保护单位;

(7) 发电厂(站)和电网经营企业;

(8) 易燃易爆化学物品的生产、充装、储存、供应、销售单位;

(9) 服装、制鞋等劳动密集型生产、加工企业;

(10) 重要的科研单位;

(11) 其他发生火灾可能性较大以及一旦发生火灾可能造成重大人身伤亡或者财产损失的单位。

《机关、团体、企业、事业单位消防安全管理规定》第十三条还指出,高层办公楼(写字楼)、高层公寓楼等高层公共建筑,城市地下铁道、地下观光隧道等地下公共建筑和城市重要的交通隧道,粮、棉、木材、百货等物资集中的大型仓库和堆场,国家和省级等重点工程的施工现场,应按照本规定对消防安全重点单位的消防要求实行严格管理。

在人员密集场所、火灾高危单位、消防安全重点单位三类场所中都包括体育场馆,可见体育场馆火灾风险高、火灾防控工作责任重,可以作为城市重点场所消防安全风险评估的研究典型。定期对体育场馆进行消防安全风险评估,对于排除体育场馆的消防安全隐患、提高体育场馆消防安全水平具有重要意义。然而,传统的体育场馆消防安全风险评估多以静态评估为主,评估结果的实时性不强。因此,本书以体育场馆为例,专注于研究动态消防安全风险评估方法及实践,建立动态消防安全风险评估体系、模型以及应用系统,对于提升体育场馆消防安全风险评估的时效性、准确性和效率具有重要意义。同时,研究成果可扩展到其他类型场所中,为城市重点场所动态消防安全风险评估提供理论支撑和应用参考。

1.1.2　体育场馆发展状况

《公共文化体育设施条例》将体育场馆定义为公共文化体育设施的一部分。体育场馆是体育竞技、健身娱乐、商业休闲、文化展览的城市公共场所。"十四五"时期,我国体育事业发展仍然处于重要战略机遇期,但机遇和挑战都有新的变化。党的十九届五中全会确定 2035 年建成体育强国的远景目标,体育事业在迈向全面建成社会主义现代化强国新征程中的地位更加突出。

国家统计局最新公布的公报数据显示,2022 年末全国共有体育场地 422.7 万个,总体育场地面积达到 37.0 亿平方米,人均体育场地面积 2.62 平方米。相比 2021 年,上述三项数据均有明显增加。2016 年出台的《全民健身计划(2016—2020 年)》和《体育发展"十三五"规划》均提出"努力实现到 2020 年人均体育场地面积达到 1.8 平方米的目标"。而如今,全民健身国家战略深入实施,全民健身公共服务体系不断完善。2022 年底,我国人均体育场地面积达到 2.62 平方米,经常参加体育锻炼人数占比达 37.2%。体育场馆主要指标发展变化情况如表 1.2 所示。

表1.2 体育场馆主要指标发展变化情况

指标	单位	2013年(第六次全国体育场地普查)	2022年	增长率/(%)
全国体育场馆总数量	万个	169.46	422.7	134.3
全国体育场馆总面积	亿平方米	19.92	37.0	71.2
人均体育场馆面积	平方米	1.46	2.62	65.1

1.1.3 体育场馆火灾危险

体育场馆在建筑结构上往往具有规模大、结构复杂、材料多样、封闭性较强等特点,因而存在一定的潜在消防风险。此外,根据体育场馆运营使用特点,日常运营期间人流量小,消防设备设施维护保养任务重,而活动期间人流量大,消防安保任务重。由于体育场馆规模大、封闭性强且多易燃材料,在人流量大的情况下,一旦发生火灾,其火灾危害、疏散救援与火势控制难度、伤亡损失等比普通建筑更大。纵观历史,世界范围内体育场馆火灾屡屡发生,体育场馆火灾防控形势依旧严峻。

1973年5月,天津市体育馆发生火灾,大火持续燃烧了5个多小时,主馆及各设备大量被毁,经济损失达160万元[5];1985年5月11日布拉德福体育场火灾惨案,造成56人死亡,200多人严重烧伤[6];2017年12月21日韩国体育中心火灾事故,大火造成29人死亡,29人受伤,火灾事故造成极大的人身伤亡和财产损失[7]。图1.1、图1.2分别为上海虹口足球场火灾和济南奥体中心体育馆

图1.1 上海虹口足球场火灾[8]

图 1.2　济南奥体中心体育馆火灾[9]

火灾的图片。体育场馆的火灾事故统计如表 1.3 所示。

表 1.3　体育场馆的火灾事故统计

年份	地点	死亡人数	受伤人数	直接经济损失	起火原因
2022 年	武汉光谷蹦床馆	无	无	不详	电气设备超负荷使用
2017 年	韩国体育中心	29 人	29 人	不详	维修电路板引起火灾
2017 年	上海虹口足球场	无	无	不详	体育场馆内部施工引起火灾
2012 年	埃及东部塞得港足球场	70 人	380 人	不详	人为纵火
2010 年	杭州黄龙体育馆	无	无	不详	空调过热引发电器着火
2008 年	济南奥体中心体育馆	无	无	75 万元	施工时违章作业 高温火焰引燃可燃物
2007 年	首都师范大学体育馆	无	无	不详	电焊施工引燃保温层
1991 年	南非约翰内斯堡体育场	40 人	50 人	不详	人群骚乱，看台破坏
1985 年	英格兰布拉德福德足球场	56 人	200 人	不详	未熄灭的雪茄引燃木制看台
1973 年	天津市体育馆	无	无	160 万元	烟头掉入通风管道 引燃木板等可燃物

根据《中国消防年鉴》统计数据,2010—2019 年我国体育场馆火灾发生起数和直接经济损失发展趋势如图 1.3 所示。2010—2019 年,我国共发生体育场馆火灾 521 起,直接财产损失 852.3 万元[10]。在这 10 年间,我国体育场馆火灾发生起数和直接经济损失整体波动较大。火灾发生起数虽然有总体下降趋势,但从 2013 年起还是显著升高,造成这一现象的原因是:虽然社会消防管理水平和火灾防控技术不断进步,但是随着全民文化生活水平日益提高,以及国内体育事业的迅猛发展,我国承办的国际国内比赛日益增多,掀起了全国各地对体育场馆基础设施的兴建热潮。全国不少大中城市相继建设大规模、高标准、现代化的综合体育场馆,体育场馆数量不断增多,全国火灾发生起数也随之增大。另外,由于大规模、高标准、现代化的综合体育场馆相继兴起,发生火灾造成的直接经济损失更大,即 2013 年后虽然火灾发生起数呈总体下降趋势,但直接经济损失波动较大。

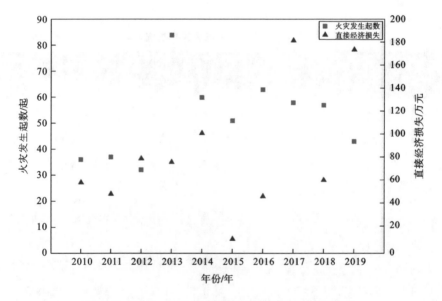

图 1.3 2010—2019 年我国体育场馆火灾总体趋势图

对 2010—2019 年我国体育场馆火灾事故起火原因统计如图 1.4 所示。电气起火是造成体育场馆火灾发生的主要原因,此类火灾占比达 20%,主要表现为电器功率过载导致发热起火及维修电路引起火灾等。生产作业是造成体育场馆火灾的次要原因,此类火灾占比为 5% 左右,主要是工人在施工或维修过程

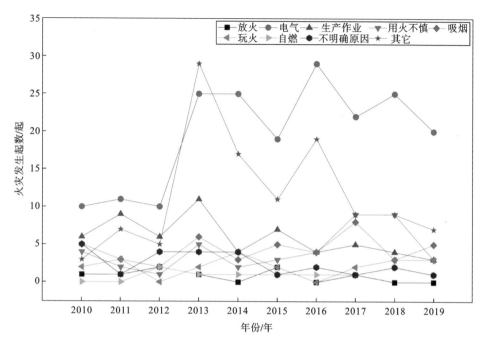

图 1.4　2010—2019 年我国体育场馆火灾事故起火原因

中违章作业等引起火灾。此外,体育场馆火灾事故起火原因还有自燃、吸烟、用火不慎等。

对体育场馆火灾案例进行总结,发现火灾危险性的表现形式虽然不尽相同,但依据火灾发生的根本原因,体育场馆火灾危险性可主要归结为以下几点:

（1）建筑建构导致火灾蔓延快。体育场馆多为四周密集中间空大的结构,发生火灾后火势受到对流风影响,在风力和气压的作用下迅速扩大,会在较短的时间内覆盖馆内环境,增加了救援工作的执行难度。

（2）人员密集,疏散困难。体育场馆在举办各类体育赛事和文艺演出等活动时,场馆内往往人员密集。当发生火灾时,由于到场人员对于体育场馆安全疏散通道了解不足,且观众席到安全疏散通道的距离远,导致人员疏散的时间较长。且人员面对突如其来的火灾,容易产生恐慌心理,从而易导致骚乱的发生,使疏散通道及出口拥堵,安全疏散的难度加大。

（3）可燃物品多,火灾荷载大。在体育场馆中,火灾荷载主要来自建筑构件及装修材料,包括用于比赛、训练的室内墙面、地板和顶棚使用的材料等。虽然在设计初期,设计师都会建议使用防火材料或对易燃材料涂刷防火涂料,但是最终施工时为了节约成本往往还是会使用一定的易燃材料,这些易燃材料相互之间结合紧密,结构复杂,具有较大的火灾隐患,且一旦发生火灾就极易产生连锁反应,致使火灾扩大。

(4) 电气设备多,电气线路错综复杂。体育场馆由于自然采光等方面的问题,通常需要用到的日常照明设备较多,这就可能出现用电过载、电气设备年久失修、电线堆积过于密集等问题,存在巨大的电气火灾隐患。此外,在举办文艺演出等活动时,为了烘托气氛,场馆中还需要采用一些额外的照明设备,例如安装在吊顶上的射灯、筒灯等。这些多种多样的照明设备必然会加剧线路的复杂程度,从而造成火灾方面的安全隐患。

(5) 空间高大,监测困难。体育场馆观众容量大、座位数量多,由于室内空间高大,在火灾发生初期,位于顶部的普通火灾探测器无法及时监测到火灾,常用的自动喷淋系统也不能在火灾初期有效地发挥作用。

由此可见,体育场馆一旦发生火灾,极有可能造成巨大的人员伤亡和财产损失,火灾风险高,进行科学合理的消防安全风险评估尤为必要。

1.1.4 智慧消防风险评估需求

智慧消防是指云计算技术、大数据技术、物联网(internet of things,IoT)技术、移动互联网技术、区块链技术、4G/5G 通信技术、数字孪生(digital twin,DT)技术、信息物理系统(cyber-physical systems,CPS)技术等新一代信息技术和人工智能(artificial intelligence,AI)技术在消防中的综合、全面应用,以实现更完备的信息化基础支撑、更透彻的消防信息感知、更全面的数据资源收集、更广泛的互联互通、更深入的智能控制和更贴心的公众服务。智慧消防建设为体育场馆火灾防控自动化、灭火救援指挥智能化、执法工作系统化、消防队伍管理精细化等实际需求提供了新一代技术支持,有助于消防安全管理模式的创新,将消防社会化工作格局提升到一个新的高度,代表着消防工作未来转型发展的方向[11]。未来智慧消防网络如图 1.5 所示。

在智慧消防系统中,消防物联网监测系统会产生大量实时变化的数据,使得评估对象具有很强的动态性特征。传统的静态消防安全风险评估无法从大量动态数据中快速筛选出有用的数据建立数据集并进行后续评估。由于对动

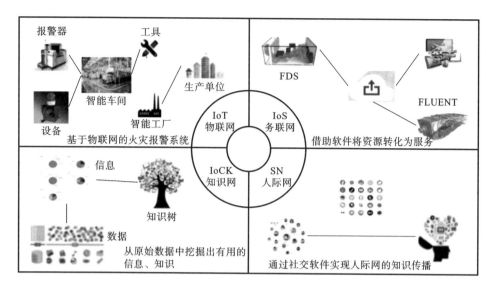

图 1.5　未来智慧消防网络

态数据处理能力不足,评估时效性差以及评估指标依赖专家确定导致准确性低等,传统的静态消防安全风险评估已不能满足智慧消防形势下的消防安全风险评估需求。如何结合智慧消防技术,科学、系统、规范地评估城市重点场所消防安全,如何从技术和管理层面积极有效地提高城市重点场所的消防安全水平,已成为当前和未来消防安全工作亟待解决的问题之一。

因此,在智慧消防形势下急需开展动态消防安全风险评估研究,建立一套在庞大消防物联网监测数据中进行数据清洗、动态指标构建与量化、动态风险建模的动态消防安全风险评估方法。将动态消防安全风险评估功能模块嵌入智慧消防平台,为智慧城市火灾防控工作提供新思路、新方法和新技术。

1.2　动态消防安全风险评估概念与内涵

1.2.1　消防安全风险概念

风险是一个经济学基本概念,通常用于描述经济活动中一类普遍的现象:

某种不良状态或不测事件出现或发生，并由此引发负面效果或带来损失。风险的概念现在已经广泛应用于管理学、灾害学、环境科学、经济学、社会学等学科领域。关于风险的定义有许多，不同研究领域的专家学者对风险有不同的认识和定义。如美国经济学家 Haynes 在其著作 *Risk as an Economic Factor* 中将风险定义为造成某种损失的概率[11]；日本学者 SaburoIkeds 认为风险是自然界的运转或人类的行为所引发的不利事件发生的概率，并指出风险主要由不利事件发生的概率和不利事件造成的后果两部分组成；Varnes 等人[12]将风险定义为在一特定时期内灾害发生的概率与承灾体的损失程度的乘积；联合国人道主义事务部（Department of Humanitarian Affairs）对风险的定义为：风险是在一定区域或给定时间段内，由于特定灾害而引起的人们生命财产和经济活动的期望损失值[13]。综上所述，风险一般包括三个基本要素和特征：风险通常具有不确定性；风险是一种损失或损害，这种损失或损害需要由风险主体来承担；风险是预期效果与后续结果之间的差异。在管理学和经济学中将风险普遍定义为"某种损失发生的不确定性"。风险的定义在经过长期的理论研究和实践发展中逐渐被界定明确：能够对研究对象产生影响的事件发生的概率。

在安全工程领域，风险代表了事件发生的概率及其产生的后果的严重程度。这一解释最为常用，可以按照此种解释对火灾风险进行解读。简单理解，火灾风险就是火灾事故发生的概率及其造成的灾害后果的严重程度[14]。火灾事故是不能完全避免的，因为火灾风险是客观存在且不能消除的一种风险。在火灾风险的评估过程中，人们通常采取措施将火灾风险控制在一定限制范围内，使火灾风险变为"可接受的风险"。国家消防技术标准和规范就是利用这一概念，以将火灾风险降到最低标准为目标，提出了相应的建筑消防设计、消防设施系统等方面的要求。与"可接受的风险"相对应的，还有"可接受的费用"这一概念，是指在一定的消防预算范围之内，将火灾风险降低到可接受风险水平之下[14,15]。

火灾风险通常表现为事件发生的可能性与后果，包括对研究对象的全局与层次认知、对研究对象产生影响的事件发生的可能性、影响导致的后果。因此，火灾风险（R）不仅包括火灾事故发生的概率，还包括火灾事件发生后产生后果的严重性，其基本表达式为

$$R = \sum (p_i \times c_i) \tag{1-1}$$

式中：p_i——火灾事件发生的概率；

　　　c_i——火灾事件产生的后果。

1.2.2　消防安全风险动态特性

动态性是消防安全风险最重要的特性之一。消防安全风险高低并非研究对象的固有属性，它往往受到研究对象系统中的各因素及其组成、系统结构、系统层级的影响，即研究对象的消防安全风险并不是一成不变的，而是一个动态的系统演化过程。

消防安全风险的动态性体现在三个方面：火灾发生发展的不确定性、消防监测数据的动态性和消防安全管理的动态性，如图1.6所示。

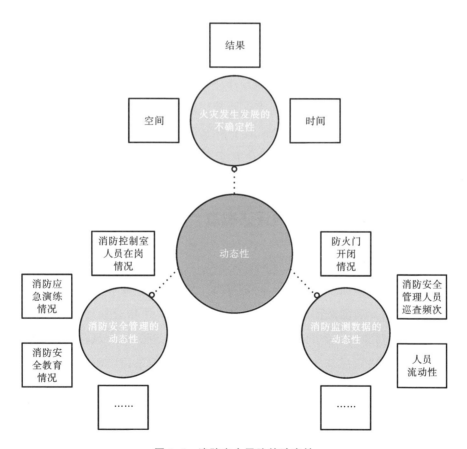

图 1.6　消防安全风险的动态性

（1）火灾发生发展的不确定性。火灾发生发展过程中存在着很多不确定性因素，火灾发生的可能性及其造成的损失是偶然的，具有不确定性。火灾发生发展的不确定性主要表现在空间的不确定性、时间的不确定性以及结果的不确定性三个方面。在一个地区、一段时间内，哪个建筑、具体建筑的什么地方、什么时刻发生火灾，往往是很难预测的，这是火灾发生规律中随机性的一面。火灾风险将随着时间、空间因素的发展变化而发生变化。

（2）消防监测数据的动态性。基于物联网的消防信息监测是动态变化的，因为在建筑物的实际应用场景中，防火门开闭情况、消防安全管理人员巡查频次、人员流动性等风险要素具有不确定性，是实时动态变化的。例如，水是灭火的关键，而给水管网中是否有水、水压是否正常、喷淋系统末端水压等因素直接影响建筑火灾风险情况。

（3）消防安全管理的动态性。消防安全管理是依据法律法规，遵循火灾发生规律，结合社会经济发展水平，运用管理科学知识，整合利用各种管理资源，提高消防安全水平的各种措施。消防安全管理最重要的是落实消防安全责任，以达到责任到人，提高人在火灾防控中的主观能动性的目的。但是，当人既是管理者又是被管理对象时，由于缺少客观监督，容易在管理过程中产生不安全行为，间接导致物的不安全状态。在消防安全管理方面，消防控制室人员在岗情况、消防应急演练情况和消防安全教育情况都是动态变化的。

1.2.3　动态消防安全风险评估概念

1. 静态消防安全风险评估

静态一词可以理解为停止不动的状态。静态评估是对处于静止状态的系统进行评估。而静态消防安全风险评估并不是指评估对象处于静止状态，事实上，评估对象的火灾风险具有动态特性。静态消防安全风险评估是指在时间上因为评估指标基础数据固定不变，所以评估结果固定不变的系统消防安全风险评估。

静态消防安全风险评估由多位专家共同确定框架中的评分指标权重，并确定各指标分数。静态消防安全风险评估过于依赖专家经验，且只能评估某一时刻的火灾风险。静态消防安全风险评估的前期调研和信息采集受到时间、成本限制,因此评估样本量少,数据更新不及时,不能实时反映建筑火灾风险的变化情况。

2. 动态消防安全风险评估

动态消防安全风险评估是相对于静态消防安全风险评估而言的。动态消防安全风险评估是指充分考虑评估对象消防安全要素的动态变化特性而进行的系统消防安全风险评估。它一般利用物联网监测等技术获取基础数据,通过研究指标在阈值区间的动态变化引起的风险变化,建立相应的评估指标体系及模型。

动态消防安全风险评估具有动态性、预警性和综合性。动态性体现在动态消防安全风险评估的评估对象、评估指标、评估结果都是动态变化的;预警性体现为动态消防安全风险评估是实现事前监测预警功能,而非事后应急响应功能;综合性体现为动态消防安全风险评估是实现整个场所各领域消防安全风险的综合评估,而非单个监测指标异常的预警。

1.2.4　动静态消防安全风险评估差异性

传统静态消防安全风险评估侧重对建筑物固有属性进行评估,其静态参数在整个建筑使用周期内基本稳定,静态评估结果在一段时间内不变。静态参数是指由设计决定的结构化参数,反映建筑本身的火灾风险特性和建筑物固有安全性,如建筑高度、建筑面积、安全出口数量和宽度等。在进行静态评估时,通常需依据相关标准检查待评估建筑物的消防通道是否堵塞、防火门是否达标、消防栓是否安装、消防栓的数量是否符合要求等。在上述检查结果符合标准要求后进行验收,然后定期重复上述检查。

但实际中,影响火灾发展的因素是不确定的、动态的。譬如,防火门开闭情况、消防安全管理人员巡查频次、给水管网中水压情况、人员流动性等风险要素具有不确定性。另一方面,因当日气温、气流速度、湿度以及其他防火设施的有效性等诸多因素都是动态变化的,故火灾发展的速度和火灾危害程度也是变化的。因此,在火灾预防和控制中,不能只考虑其中某些静态因素,应该对火灾发展全过程所有风险因素进行动态监控和管理。

动态消防安全风险评估是对火灾发生发展的全过程进行风险量化、预警和预测。动态参数处于不断变化的过程中,如何获得这些动态参数,以及运用什么模型来将这些动态参数转为对现实有实际意义的火灾预测方案和评估方法是消防安全风险评估研究的难点。物联网技术的快速发展,为监测监控、人员定位、信息采集、智能探测等提供了更好的技术基础,同时大数据、云计算技术的发展也为数据处理提供了更好的技术支撑。诸如贝叶斯算法、随机森林算法、神经网络算法等机器学习(machine learning)算法也不断发展和完善,能更好地利用动态数据建立客观准确的预测模型。

动态消防安全风险评估解决了很多静态消防安全风险评估无法解决或解决效果不佳的问题,使得呈现的结果更加科学。作者对动态消防安全风险指标进行定量设计,并优化了动态消防安全风险评估指标体系,建立了动态消防安全风险评估模型。该模型利用实时消防数据带动三级指标动态火灾评估模型中的三级指标项赋分值变化,进而带动整个三级指标动态火灾评估模型最终的综合消防安全风险值变化,可以有效利用实时消防数据,提高消防安全重点场所风险评估的精确性,实现对消防安全重点场所的动态化评估。

1.2.5 动态消防安全风险评估层级

动态消防安全风险评估包括三个层级,如图1.7所示。第一层级是基础数据的动态,通过物联网、视频监控等技术获取基础监测数据;第二层级是指标在阈值区间的动态,根据基础数据特征设计可量化的动态消防安全风险指标,明确其阈值区间;第三层级是各指标在阈值区间变化引起综合风险的动态,对所有指标的动态变化进行综合考量,采用科学算法实现综合风险的实时评估。

在体育场馆安装水压监测终端、水位监测终端、智能摄像头、用户信息传输装置等消防物联设备,利用物联网、大数据、图像识别等技术,建立物联网消防远程监控平台,实时将体育场馆消防控制室值班状态、消防设施运行状态及完好率、视频监控等监测数据传至监控中心,对体育场馆消防设备设施、消防水源、重点区域和部位等进行远程实时集中监测,建立火灾识别、隐患追踪、安全监控、风险评估模型,实现对数据的动态追踪、转换和挖掘分析,高效支撑动态消防安全风险评估应用。

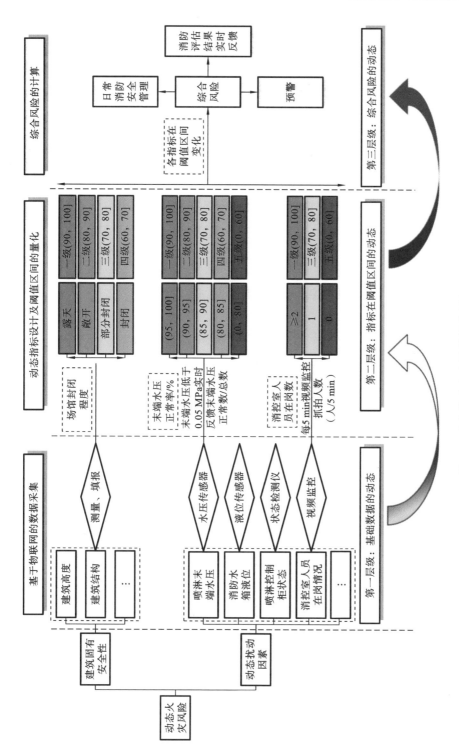

图 1.7　动态消防安全风险评估层级

1.3 国内外研究现状评述

国内外学者开展了城市重点场所消防安全风险评估的相关研究，集中于评估指标构建及其建模等方面。目前，大多数建筑火灾风险研究侧重于预测财产损失[16]、人员伤亡、事故严重程度[17,18]和其他事后评估指标[19]，并取得了一定成果。本节将从消防安全风险评估指标和消防安全风险评估方法两方面的研究入手，总结前人对城市重点场所消防安全风险评估的贡献，分析动态消防安全风险评估的难点。

1.3.1 消防安全风险评估指标研究

1. 静态消防安全风险评估指标研究现状

大部分学者侧重于构建反映建筑固有安全性、消防设施设置数量以及消防安全管理等静态指标的指标体系。这类指标体系虽较为全面，但其指标基础数据、静态评估结果在很长一段时间内不变，没有考虑到物联网监控下动态变化的指标，因此评估结果时效性较差。

彭华等人[20]基于体育场馆火灾危险和消防救援的特点，建立了包括 4 项一级指标 15 项二级指标的两层体育场馆消防安全风险评估指标体系。一级指标主要考虑火灾危险源、建筑防火性能、内部消防管理、消防保卫力量 4 个方面，但指标体系中未考虑基础数据变化对风险的影响，没有建立动态性指标。

张无敌等人[21]筛选了城市大型公共建筑火灾风险的关键风险因素，构建了以体育场馆为例的城市大型公共建筑火灾风险关联因素评估体系，一级指标主要考虑建筑风险因素、设备设施风险因素、人员风险因素、组织管理风险因素 4 个方面，但是二级指标多为长时间不会变的数据，评估结果不具有动态性。

方正等人[22]基于聚类分析和 AHP 分析法，建立了由 3 项一级指标和 9 项二级指标构成的商场火灾风险评估体系，但二级指标对建筑周边环境、消防救援力量对火灾的影响等指标的分级不够细致，且指标的选取未考虑动态性。

王震[23]针对高层民用住宅的火灾风险评估，将安全管理、安全疏散、主动防火、被动防火 4 大因素作为一级指标，再将一级指标划分为 15 项二级指标，但该指标体系更适合用于高层建筑的火灾风险评估，且指标大多为静态指标。

张晓光[24]针对公共建筑的火灾隐患分级，建立了公共建筑火灾隐患评估体系，该体系由消防管理、建筑结构、设备、建筑特性、群集特征 5 项一级指标和 19 项二级指标组成，但其二级指标均为静态指标。

综上，当前大部分学者构建的消防安全风险评估指标体系仅包括具有一定稳定性的评估指标，即反映建筑固有火灾安全性，未包括消防设备设施实时状态、安全管理实时状态等动态变化指标，只能实现静态评估，评估结果不随消防安全风险因素状态变化而变化，在下一个评估周期前保持不变。具体一、二级指标统计情况如表 1.4 所示。

表 1.4　侧重固有安全性的消防安全风险评估指标统计

<table>
<tr><th>文献名</th><th colspan="4">指标名称与级别</th></tr>
<tr><td rowspan="16">国家体育场“鸟巢”火灾风险评估体系及其应用[25]</td><td rowspan="16">一级指标</td><td rowspan="6">内部消防管理</td><td rowspan="16">二级指标</td><td>设施维护</td></tr>
<tr><td>安全责任制</td></tr>
<tr><td>应急预案</td></tr>
<tr><td>培训与演练</td></tr>
<tr><td>隐患整改落实</td></tr>
<tr><td>组织机构</td></tr>
<tr><td rowspan="3">建筑防火性能</td><td>建筑特性</td></tr>
<tr><td>被动防火措施</td></tr>
<tr><td>主动防火措施</td></tr>
<tr><td rowspan="2">消防保卫力量</td><td>消防团队</td></tr>
<tr><td>支援力量</td></tr>
<tr><td rowspan="5">火灾危险源</td><td>客观因素</td></tr>
<tr><td>周边因素</td></tr>
<tr><td>气象因素</td></tr>
<tr><td>人员因素</td></tr>
</table>

续表

文献名	指标名称与级别		
城市大型公共建筑火灾风险因素影响程度及可能性分析[26]	一级指标	组织管理风险	二级指标 隐患整改落实情况
			消防培训与演练
			消防检查
			消防应急预案
			消防设施维护
		设备设施风险	消防栓设置率
			消防供水能力
			管网水压
			消防水源数量
		人员风险	维护人员配备数量
			人员总载荷
			安管人员配备数量
			消防人员配备数量
		建筑风险	建筑结构
			建筑面积
			建筑高度
			建筑用途
			防火分区
			防火间距
			公共区火灾载荷
基于聚类分析和AHP的商场类建筑火灾风险评估[28]	一级指标	消防安全管理情况	二级指标 规章制度落实情况
			监督情况
			火灾突发应对情况
			宣传教育培训
		消防安全硬件配套情况	疏散逃生设施情况
			消防设施设备运行情况
		消防安全特性	建筑特性
			建筑使用情况
			人员疏散情况

续表

文献名	指标名称与级别		
高层民用建筑火灾风险综合评估系统研究[29]	一级指标	安全管理 / 二级指标	安全检查
			安全教育
			应急救援
			制度的建立与执行
		安全疏散	疏散路线设计的合理性
			疏散引导设施的完备性
			疏散应急预案的可靠性
		被动防火	建筑的主平面布局
			建筑材料及构件的防火性能
			防火分隔
		主动防火	灭火系统
			消防电梯
			火灾自动报警及消防联动系统
			火灾应急广播与消防通信系统
			防排烟系统
公共建筑火灾隐患分级判定方法研究[31]	一级指标	消防管理 / 二级指标	消防管理规定
			专职值班
			消防组织
			消防意识
		建筑结构	耐火极限
			燃烧性能
		设备	消防给水
			自动喷水灭火系统
			报警系统
			防排烟系统

续表

文献名	指标名称与级别				
公共建筑火灾隐患分级判定方法研究[31]	一级指标	建筑特性	二级指标	总平面布局
				防火分区
				安全疏散
				防烟分区
				内部装修
		群集特征		人员安全意识
				人员安全行为
				人流密度
				人流量

2. 动态消防安全风险评估指标研究现状

少量学者关注到评估结果的时效性问题，在设计指标体系时考虑到物联网监控数据因素，但是未对动态数据进行合理的筛选，或未对动态数据进行合理的量化处理，即未建立全量化的动态变化指标体系。有的动态数据的选取也只是对某一时段的数值进行选取，最后建立的评估指标体系本质上也是静态的。

黄俊斌等人[25]在层次分析法的基础上，建立了由4项一级指标和30项二级指标构成的指标体系，将静态指标和动态指标进行了分类，将建成年数、建筑面积、建筑高度、周边环境等18项二级指标归为静态指标，将人员载荷、电气线路、安全疏散、应急照明等12项二级指标归为动态指标。对于设备管理方面的指标量化具有创新性，但将有关人员管理方面的指标归为静态指标，忽略了人员管理方面的有关数据也是动态变化的，且对于动态指标的量化方法过于简单，量化的准确性有待考量。

杨君涛等人[26]针对高层建筑的火灾防控，建立了高层建筑消防安全风险评估指标体系，将消防安全管理、安全疏散设施、建筑被动防火、建筑主动防火、外部救援力量、建筑特性作为一级指标，并设有31项二级指标。其构建的指标中包含一定的动态性指标,如安全疏散演练次数、消防设施定期检查次数、消防队到场时间等,但是动态指标较少且没有给出具体的量化标准和方法。

蔡明等人[27]针对大型商业综合体的火灾,建立了由 6 项一级指标和 21 项二级指标构成的火灾风险评估体系。在该体系中,作者将用电负荷(电火源的三级指标)、风速、湿度(环境因素的三级指标)等作为动态指标,动态指标较少,只侧重于环境因素的动态性,未考虑人员管理、设备设施管理方面的动态性因素,且动态指标的权重划分由专家打分,权重的准确性受专家主观影响。

卢颖等人[28]关注到了偏重静态指标的火灾风险评估的局限性,并对动态指标进行了优化,建立了由建筑固有安全性、消防人员管理、设施设备管理、隐患管理 4 项一级指标和 13 项二级指标组成的体育场馆动态火灾风险评估指标体系。该指标体系对动静态指标的划分较为细致,将反映建筑固有安全性的指标作为静态指标,将有关消防人员管理、设施设备管理、隐患管理等方面的动态扰动因素作为动态指标,如人员在岗情况、人员培训情况、消防主机等 11 项二级指标。虽对于动静态指标的划分已经较为细致且有较为合理的量化方法,但是没有涉及指标动态阈值对风险的扰动问题。

邵晓曙等人[29]较为全面地考虑了影响体育场馆消防安全风险的因素,建立了 2 层体育场馆消防安全风险评估的指标体系,其中一级指标 6 项,二级指标 33 项。一级指标主要包括场馆固有火灾风险、火灾危险源、固定消防设施、移动消防力量、市政消防给水和消防安全管理。其中火灾危险源中的气象情况、场馆周边情况、用火用电情况为动态指标;移动消防力量中的消防达标率、邻近队伍响应时间为动态指标;消防安全管理中的消防安全宣传与教育培训、火灾应急预案与演练、消防设备维护为动态指标。该指标体系虽对于指标的动静态划分非常细致,但文献中却未给出明确的动静态指标量化标准和方法。

综上,少量学者关注到评估指标动态性的问题,但在动态指标系统性、动态指标量化、动态指标阈值等方面仍然存在问题,这些文献所使用的指标体系中具体的一、二级指标统计情况如表 1.5 所示。可见,当前关于动态消防安全风险评估指标体系构建及其阈值研究仍处于起步阶段。

表 1.5　考虑评估时效性的消防安全风险评估指标统计

文献名	指标名称与级别		
基于物联网技术的建筑火灾风险动态评估[25]	一级指标	消防管理	应急预案
			消防设施维护
			防火巡查
			制度制定
			管理人员水平
			宣传教育
		建筑防火	耐火等级
			防火间距
			安全疏散
			应急照明
			灭火器
			安全标识
			防火间隔
			防火分区
			自动报警系统
			自动灭火系统
			防排烟系统
		消防扑救能力	消防给水
			消防队响应时间
			消防供电
			消防扑救条件
		建筑特性	建成年数
			建筑面积
			建筑高度
			周边环境
			火灾载荷
			易燃易爆物品
			人员载荷
			内部装修
			电气线路

注：二级指标栏位于一级指标与指标名称之间。

续表

文献名	指标名称与级别		
既有高层住宅建筑火灾风险评估及应用[26]	一级指标	消防安全管理	消防设施定期检查次数
			消防宣传教育
			业委会组织
			物业管理水平
		安全疏散设施	疏散距离
			应急照明及疏散指示标识
			应急广播
			消防电梯
			避难层
			逃生避难器材
			火灾应急预案编制
			安全疏散演练次数
		建筑被动防火	防火间距
			防火分区
			电气防火
		建筑主动防火	自动报警系统
			自动灭火系统
			室内消火栓
			防排烟系统
			安全出口数量
			安全通道间距
		外部救援力量	消防车通道
			消防队到场时间
			室外消防给水系统
		建筑特性	建筑耐火等级
			建筑年限
			建筑高度
			人员载荷
			建筑用途
			人员特点
			周边环境

二级指标

续表

文献名	指标名称与级别		
基于贝叶斯算法的大型商业综合体动态火灾风险评估[27]	一级指标	起火指标	可燃物
			电火源
		火势增长	消防人员响应时间
			灭火应有时效性
		火势蔓延	建筑类别
			建筑结构
			建筑耐火等级
			防排烟系统可靠性
			防火分区
			内部装饰燃烧性能
			竖向贯通管道
		火灾扩散至邻近建筑	飞火
			环境因素
			防火间距
		人员疏散	建筑高度
			人员疏散
			疏散设施可靠性
		消防管理	人员是否培训
			人员在岗情况
			防火检查频次
			消防维保频次
大数据视域下体育场馆动态火灾风险指标研究[28]	一级指标	建筑固有安全性	消防验收情况
			建筑防火
		消防人员管理	人员在岗情况
			人员培训情况
			消防工作情况

文献名	指标名称与级别			
大数据视域下体育场馆动态火灾风险指标研究[28]	一级指标	设施设备管理	二级指标	消防主机
				自动喷水灭火系统
				消火栓灭火系统
				防火门、防火卷帘
				防排烟系统
				消防水池水箱
				单位维保情况
		隐患管理		单位人员防火巡查情况
体育场馆火灾风险评估研究[29]	一级指标	消防安全管理	二级指标	消防管理机构
				消防安全制度落实
				消防安全宣传与教育培训
				火灾应急预案与演练
				义务消防队员占消防队员比例
				消防从业人员素质
				消防设备维护
		市政消防给水		消防水源数量
				管道消防供水能力满足率
				消防栓设施完好率
				消防供电负荷
				火灾自动报警系统
				自动灭火系统
				防排烟设施
		固定消防设施		灭火器设置
				消火栓系统
				消防达标率
		移动消防力量		邻近队伍响应时间
				消防车数量
				消防队员素质

续表

文献名	指标名称与级别		
体育场馆火灾风险评估研究[29]	一级指标	场馆固有火灾风险	二级指标
			建筑结构
			建筑耐火等级
			建筑高度
			建筑装修
			防火间距
			防火分区
			扑救条件
			人员载荷
			安全疏散
		火灾危险源	气象情况
			场馆周边情况
			用火用电情况
			易燃易爆物品

1.3.2　消防安全风险评估方法研究

1. 传统消防安全风险评估方法研究现状

根据对现有文献使用的消防安全风险评估方法进行归纳总结,将传统消防安全风险评估方法分为两大类。

一类方法是选取消防安全风险评估指标,对选取的指标进行分级,建立评估指标体系和模型。此类方法大多基于专家打分法和层次分析法等方法建立评估指标体系。譬如,黄俊斌等人[25]在层次分析法的基础上,将风险评估指标进行动静态分类,再对指标进行量化转换,构建商业综合体消防安全风险评估模型,以期实时定量评估商业综合体的火灾风险,但指标的选取是将前人研究中的指标进行统计,没有突出物联网数据特征。吉慧[30,31]以风险理论为依据,运用层次分析法,构建体育场馆安全评价的数学模型,实现基于建筑设计和使用管理方面的安全等级评价研究,但侧重于体育场馆的公共安全评估。张姗姗[32]基于化工园区定量风险评估方法研究,通过综合固有风险和执法检查数据确定化工园区的动态风险。构建动态监管风险评估指标体系,运用层次分析法和专家打分法,确定评估指标权重并对指标打分,据此建立化工园区动态风险评估模型。此模型侧重于对化工园区动态风险评估,所选取的指标并不适用于体育场馆。

该类评估方法优点是可以借助查阅相关标准和专家打分等手段对于安全管理因素进行指标设计,可以对整个建筑的消防安全状况和管理进行综合的描述,但由于评估结果受到专家打分主观性的影响,评估准确性难以保证。

另一类方法是借助消防性能化的手段,如火灾模拟软件、火灾风险预测模型等对建筑消防安全风险进行定量评估。譬如,陈庆栋[33]采用火灾模拟的方法,分析火灾烟气蔓延和人员安全疏散过程,侧重于体育场馆应急疏散模拟研究。赵伟刚等人[34-37]对体育馆的防火分区、人员疏散等方面进行消防设计分析,采用数值模拟分析对体育场馆进行消防安全风险评估。

综上,已有学者通过对体育场馆火灾场景设定进行火灾模拟,采用数值模拟分析对体育场馆进行消防安全风险评估,但评估结果在很长一段时间内都不变,不具有动态实时性,未能实时反映体育场馆消防安全风险的变化情况。且此类方法无法考虑到消防安全管理的因素对消防安全风险的影响,也无法对消防安全管理因素进行定量评估。

2. 动态消防安全风险评估方法研究现状

部分学者关注到消防安全风险评估中的动态需求,并探索了实现消防安全风险动态评估的方法。

如李书良[38]对物联网与动态消防安全评估的应用前景进行探究,依托物联网技术,通过传感器和视频监控系统,将得到的信息与制定的标准对比,得到火灾风险评估,再结合各种监测设备与系统不断测得的数据,以实现动态的评估,但其只是对前景做了展望,没有实际运用。Villa[39]运用动态风险评估方法来实现实时决策作用,提高其风险评估的准确性和动态更新的能力,但都未实际应用于消防系统评估。徐坚强等人[40,41]基于消防安全管理和物联网监测数据建立了复杂的贝叶斯网络节点,节点的先验概率以可靠性代表(如水泵正常启停的先验概率为 0.99,否则为 0.01),但在实际运用时由于监测指标过多,评估效率不高。疏学明等人[42]将火灾发展过程划分为火情、火警、火险、火灾 4 个过程,基于贝叶斯网络建立动态风险评估模型,但条件概率值是基于风险变化特征而非火灾基础数据设定的,侧重于对火灾发展过程的动态评估。颜峻等人[43]专门针对消防水系统构建贝叶斯网络模型,根据物联网监测状态参数的变化实现灭火可靠性的动态评估,但侧重于对水系统的可靠性考量,对建筑消防安全风险的动态评估考虑较少。Li 等人[44]提出了一种改进的支持向量机(SVM)危险化学品仓库动态风险评估方法,选取可燃气体浓度、温度等指标,侧重对化学工艺过程动态消防安全风险评估。虞利强等人[45]基于物联网技术建立消防给水监测系统,该系统可实时采集传感器数据,实现对消防给水的数据异常报警,侧重于对消防水系统的动态风险评估。

当前所谓的"动态"火灾风险评估研究多通过物联网技术,收集各类消防设备相关数据,如火灾报警系统数据、电气火灾监控系统数据、气体灭火监控系统数据、防火门监控系统数据、消防水系统数据、消防设备状态数据等动态信号,但这些信号只用于监控显示,即仅用于描述性统计分析或少量因素的综合分析,其评估的结果实际仍属于静态风险,并未全面反映动态风险情况。

1.3.3　动态消防安全风险评估难点

随着智慧消防的飞速发展,以往静态消防安全风险评估的局限性愈发明显,动态消防安全风险评估必然成为未来消防安全工作的主流,而动态消防安全风险评估的研究仍存在着一些急需攻克的难点。

(1) 如何基于物联网基础数据构建合理的体育场馆动态消防安全风险指标体系。

① 指标的系统性和全面性问题。基于系统论的角度,为使消防安全风险评估结果更准确,在指标的初步设计阶段,尽可能通过现场调研、文献统计等方法设计较为全面的评估指标,全面表现研究对象的综合火灾风险。

② 指标的定量化问题。评估指标确定后,为了对指标结果进行量化从而使评估指标体系起到定量评估作用,需要建立统一的判断标准即评估基准值,实现各评估指标的全量化,以降低评估的主观性,实现评估的规范性,增强评估结

果的通用性和可比性。

③ 指标多样性导致的信息冗余问题。由于物联网监测数据的多样性和复杂性,以其为基础构建的体育场馆动态消防安全风险指标也呈现庞大和复杂的特征。指标越多,研究、分析、决策所需要的时间、费用也就越多,可能评估结果会更好,但在实际工作中,这些动态指标并不是每一个都对综合风险评估有重要作用。动态指标的选取并非越多越好,每一个数据都可能给结果带来一定的误差。强调在达到一定评估精度要求的前提下,指标要尽可能少,使评估简单易行。

④ 评估指标之间的相互独立问题。原则上要求指标之间应相互独立,互不重复。对于有因果关系的指标,理论上取某一方面指标,或者在设计模型时考虑指标存在相关性的问题,然后再采用某些算法剔除相关的指标。

(2) 如何基于构建的指标体系开展大数据挖掘与分析,选取合适的算法构建准确率更高的预测模型。

① 传统指标赋权导致的主观不确定性问题。传统消防安全风险评估指标赋权往往采用定性方法确定各指标的权重,一般依靠消防评估专家凭借经验进行打分决策,过度依赖专家自身经验。由于专家的专业技能、主观判断和对某些关键因素的权衡差异,评估结果具有一定的主观性和不一致性,科学客观的指标权重体系很难建立。

② 数据集问题。物联网监测数据体量庞大,且其中存在众多噪声数据,若不对噪声数据进行处理,直接建立数据集,则会影响评估结果的准确性和评估的效率。选用何种方法对庞大的物联网监测数据进行数据筛选和数据清洗是难点之一。

③ 大数据背景下消防安全风险预测模型效率和准确率的问题。建立合适的动态消防安全风险评估模型是进行动态消防安全风险评估的重要内容。机器学习算法在评估模型的建立中具有优势,不同机器学习算法的优势和适用性不同,如何在多种不同的机器学习算法中选择合适的一种或多种算法建立预测模型,以及选用何种方法对运用不同算法建立的预测模型进行最优化选取是当前需要解决的问题。

本书主要内容与研究路线

1.4.1 主要内容

　　城市重点场所动态消防安全风险评估是涉及安全科学、工程技术科学、大数据科学和管理学等多学科、多领域的系统工程。综合运用相关理论和方法，结合城市重点场所动态消防安全风险评估的研究现状和发展趋势，确定本书的主要内容如下：

　　1. 动态消防安全风险评估指标定量设计

　　以城市重点场所消防安全风险为研究对象，结合消防物联网监测数据特征，研究动态消防安全风险评估的内涵和层级。本研究通过文献研究和实地调研，构建动态消防安全风险评估体系框架，将初始物联网数据融合设计为可量化的体育场馆动态消防安全风险评估指标。通过云模型和相关标准规范，研究确定了动态指标阈值，据此建立初步的动态消防安全风险评估体系。

　　2. 动态消防安全风险评估指标体系优化

　　通过随机森林算法，设计的评估指标得到筛选和优化，以解决因为消防物联网大数据过于庞杂而影响评估效率和结果准确度的问题。以某市物联网消防远程监控系统中35个体育场馆的长时间监测大数据为基础，建立随机森林模型。本研究通过重要度分析和均方误差分析进行指标筛选，获得高效最优动态评估指标体系。对模型测试集进行检验，验证所优化动态指标体系的适用性和模型的准确性。

　　3. 动态消防安全风险评估模型

　　阐明了机器学习算法在动态消防安全风险评估建模中的适用性，选取6种典型机器学习算法进行建模与对比分析。对初始包含建筑信息、消防物联网信息和消防管理信息的全特征体育场馆消防安全数据进行数据清洗和特征选择。运用 K 折交叉验证和分层 K 折交叉验证策略，分别结合6种机器学习算法建立动态消防安全风险分级预测模型，开展12种工况的数值对比实验，研究获得了最优的体育场馆动态消防安全风险评估模型。运用可解释SHAP策略,研究高、中、低和极低4种体育场馆消防安全风险等级下各动态指标的特征重要度,阐明体育场馆动态消防安全风险对关键因子的响应特征。

4. 基于动态风险的场馆群安保力量配置与优化

在分析赛事活动安保力量配置机制的基础上,研究赛事活动安保力量配置的影响因素,建立了基于BP神经网络的安保力量配置预测模型。据此以活动人数、公共安全指数、场地面积等因素为输入层,以安保人数为输出层,研究一般赛事活动安保力量的配置与优化。以参赛人数、参赛国数、举办地近五年犯罪指数率的平均值、举办地当年人均生产总值等因素为输入层,以安保人数为输出层,研究大型赛事活动安保力量的配置与优化,提出配置实例。

5. 动态消防安全风险评估系统研发及应用

在分析动态消防安全风险评估系统整体功能需求的基础上,构建系统架构,利用物联网、大数据、移动互联网等高新技术,实时监测联网对象火灾报警信号、消防水系统(包括室内外消火栓、消防水箱、消防水池)状态、控制柜状态(包括喷淋泵、消火栓泵、稳压泵、传输泵、泡沫泵、风机等的状态)等感知数据。开展"全链式"动态消防安全风险评估系统研发,实现单位、行业、区域的消防安全风险的实时动态评估和预警。

1.4.2　研究路线

本书从现有的国内外研究现状和体育场馆火灾防控的需求出发,对体育场馆的动态消防安全风险评估指标进行了定量设计,建立了评估指标体系;针对在大数据背景下物联网监测数据冗余导致的指标准确性较低的问题,运用随机森林算法对指标体系进行优化;运用多种机器学习算法的对比实验,选择最优的动态消防安全风险评估模型,实现体育场馆的动态消防安全风险评估;运用神经网络算法模型对体育场馆的安保力量配置进行了预测;对评估系统进行总体设计,将动态消防安全风险评估系统应用于实际测试,实现了单位、行业、区域消防安全风险的实时动态评估和预警;对动态消防安全风险评估理论和技术的发展前景进行了展望。本书的研究技术路线如图1.8所示。

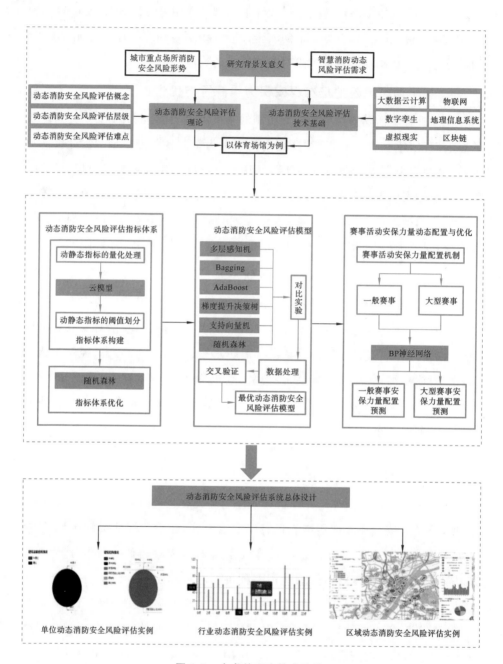

图 1.8　本书的研究技术路线

本章参考文献

[1] XIAO X, SONG W G, WANG Y, et al. An improved method for forest fire spot detection based on variance between-class[J]. Spectroscopy and Spectral Analysis, 2010, 30(8): 2065-2068.

[2] ZHANG X H, ZHANG R C, GONG X, et al. Detection and estimation of early fires′ process character by using infrared spectrum[J]. Journal of Infrared and Millimeter Waves, 2006, 25(5): 382-385.

[3] 国家市场监督管理总局,国家标准化管理委员会.人员密集场所消防安全管理:GB/T 40248—2021[S].北京:中国标准出版社,2021.

[4] 湖北省人民政府.湖北省火灾高危单位消防安全管理规定[EB/OL].[2014-01-08]. http://www. hubei. gov. cn/zfwj/ezbf/201401/t20140121 _ 1713193. shtml.

[5] 吴西.天津市人民体育馆救火计[EB/OL].[2020-10-27]. https://www. jianshu. com/p/60eba36dbc91.

[6] 张斌.回望布拉德福德球场大火 25 周年[EB/OL].[2010-05-15]. http:// finance. sina. com. cn/roll/20100515/11367941910. shtml.

[7] 陈尚文.29 人瞬间丧命！韩国体育中心突发大火 系本月第二起重大事故[EB/OL].[2017-12-12]. http://www. xinhuanet. com/world/2017-12/22/c_129772476. htm.

[8] 任莉.上海虹口足球场燃起大火[EB/OL].[2017-03-28]. http://m. sd. china. com. cn/mobile/2017/tiyu_0328/912437. html.

[9] 陈宏发.“11.11”济南奥体中心火灾 10 名责任人被捕[EB/OL].[2008-12-29]. http://www. dzwww. com/shandong/sdnews/200812/t20081229 _ 4214626. htm.

[10] 公安部消防局.中国消防年鉴[M].昆明:云南人民出版社,2018.

[11] HAYNES J. Risk as an economic factor[J]. The Quarterly Journal of Economics,1895,9(4):409-449.

[12] ROSS E E,GUYER L,VARNES J,et al. Vibrio vulnificus and molluscan shellfish：the necessity of education for high-risk individuals[J]. Journal of the American Dietetic Association,1994,94(3).

[13] 于洪洋. 论突发事件的风险防范管理[J]. 吉林劳动保护,2021,431(11)：31-33.

[14] CHOI M Y, JUN S. Fire risk assessment models using statistical machine learning and optimized risk indexing[J]. Applied Sciences-Basel, 2020, 10(12):4199.

[15] HU J, XIE X, SHU X, et al. Fire risk assessments of informal settlements based on fire risk index and bayesian network [J]. International Journal of Environmental Research and Public Health, 2022, 19(23):15689.

[16] LIU F, ZHAO S, WENG M, et al. Fire risk assessment for large-scale commercial buildings based on structure entropy weight method[J]. Safety Science, 2017, 94：26-40.

[17] MADAIO M, CHEN S T, HAIMSON O L, et al. Firebird：predicting fire risk and prioritizing fire inspections in Atlanta. In Proceedings of the 22nd ACM SIGKDD International Conference on Knowledge Discovery and Data Mining[C]. America：Louisiana, 2016：185-194.

[18] KIM D H. A study on the development of a fire site risk prediction model based on initial information using big data analysis[J]. Journal of the Society of Disaster Information, 2021, 17(2)：245-253.

[19] SARKAR S,PRAMANIK A, MAITI J, et al. Predicting and analyzing injury severity：a machine learning-based approach using class-imbalanced proactive and reactive data [J]. Safety Science, 2020, 125：104616.

[20] 彭华,张向阳,刘文利. 国家体育场"鸟巢"火灾风险评估体系及其应用[J]. 建筑科学,2009,25(7):61-64.

[21] 张无敌,陈一洲,李琪,等. 城市大型公共建筑火灾风险因素影响程度及可能性分析[J]. 安全与环境学报,2021,21(4):1434-1439.

[22] 方正,陈娟娟,谢涛,等. 基于聚类分析和 AHP 的商场类建筑火灾风险评估[J].东北大学学报(自然科学版),2015,36(3):442-447.

[23] 王震.高层民用建筑火灾风险综合评估系统研究[J].中国设备工程,2017(6):133-134.

[24] 张晓光. 公共建筑火灾隐患分级判定方法研究[D].西安:西安科技大学,2009.

[25] 黄俊斌,张国维,闫肃,等. 基于物联网技术的建筑火灾风险动态评估[J].消防科学与技术,2020,39(10):1371-1375.

[26] 杨君涛,何其泽.既有高层住宅建筑火灾风险评估及应用[J].武汉理工大学学报(信息与管理工程版),2017,39(2):153-157.

[27] 蔡明,张琰,李大鹏,等. 基于贝叶斯算法的大型商业综合体动态火灾风险评估[C]//中国消防协会.2022 中国消防协会科学技术年会论文集.北京:应急管理出版社,2022:7.

[28] 卢颖,赵志攀,姜学鹏,等.大数据视域下体育场馆动态火灾风险指标研究[J].中国安全科学学报,2022,32(4):155-162.

[29] 邵晓曙,顾君.体育场馆火灾风险评估研究[J].武警学院学报,2013,29(2):49-51,54.

[30] 吉慧. 公共安全视角下的体育场馆设计研究[D].广州:华南理工大学,2013.

[31] 吉慧. 基于大型体育赛事的场馆安全评定研究[J].建筑学报,2013(S1):186-189.

[32] 张姗姗. 化工园区生产安全动态综合风险评估方法研究[D].北京:北京化工大学,2018.

[33] 陈庆栋. 大型体育场馆火灾应急疏散模拟研究[D].天津:天津理工大学,2017.

[34] 赵伟刚,杨芳,姚浩伟,等. 某体育馆消防设计分析及火灾风险评估[J].消防科学与技术,2019,38(4):502-504.

[35] 姚浩伟,赖婧怡,郑远攀,等. 某游泳馆消防设计分析及火灾风险评估[J].消防科学与技术,2019,38(3):311-313.

[36] 朱世敏. 某体育馆火灾安全风险评估[J].消防科学与技术,2016,35(8):

1093-1095.

[37] 阮文. 大型敞开式体育场疏散设计探讨[J]. 消防科学与技术,2014,33(1):54-56.

[38] 李书良. 物联网与动态消防安全评估的应用前景研究[C]//中国消防协会. 2017消防科技与工程学术会议论文集. 北京:化学工业出版社,2017:840-843.

[39] VILLA V,PALTRINIERI N,KHAN F,et al. Towards dynamic risk analysis:a review of the risk assessment approach and its limitations in the chemical process industry[J]. Safety Science,2016,89:77-93.

[40] 徐坚强,刘小勇,苏燕飞,等. 基于贝叶斯网络的建筑火灾动态风险评估方法研究[J].中国安全生产科学技术,2019,15(2):138-144.

[41] 徐坚强,刘小勇. 基于层次分析法的建筑消防安全风险评估指标体系设计[J].武汉理工大学学报(信息与管理工程版),2019,41(4):345-351,358.

[42] 疏学明,颜峻,胡俊,等. 基于Bayes网络的建筑消防安全风险评估模型[J].清华大学学报(自然科学版),2020,60(4):321-327.

[43] 颜峻,疏学明,吴津津. 建筑消防水系统灭火可靠性动态评估模型研究[J].火灾科学,2018,27(4):254-260.

[44] LI Y,WANG H,BAI K,et al. Dynamic intelligent risk assessment of hazardous chemical warehouse fire based on electrostatic discharge method and improved support vector machine[J]. Process Safety and Environmental Protection,2021,145:425-434.

[45] 虞利强,杨琦,黄鹏,等. 基于物联网技术的消防给水监测系统构建[J].消防科学与技术,2017,36(7):971-973.

第 2 章
动态消防安全风险评估技术基础

　　动态消防安全风险评估是一项时效性强、评估准确度高的工作,需要一定技术条件的支持。智慧消防技术是动态消防安全风险评估必不可少的强有力支撑。物联网、地理信息系统、云计算、虚拟现实等技术能够实时监控、收集、处理庞大的数据信息,智能地筛选出有需要的、重要的信息作为动态消防安全风险评估的信息基础。本章节将介绍现阶段具有代表性的智慧消防相关技术。

2.1　大数据与云计算技术

2.1.1　大数据技术相关概念

　　大数据技术是指从各种各样类型的数据中快速获得有价值信息的一种技术。大数据技术可应用于大规模并行处理数据库、数据挖掘电网、分布式文件系统、分布式数据库、云计算平台、互联网和可扩展的存储系统[1]。图 2.1 所示的是大数据技术的一种简单运行模式图。

1. 大数据的特点

（1）数据体量巨大,数量从 TB 级别,跃升到 PB 级别。

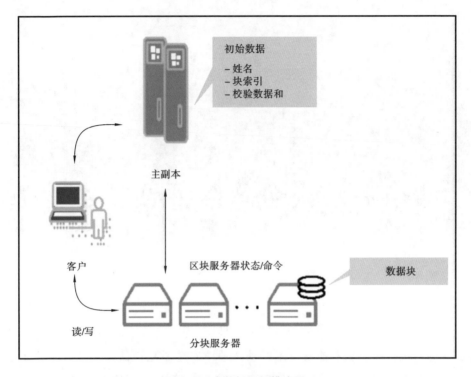

初始数据
- 姓名
- 块索引
- 校验数据和

主副本

客户

区块服务器状态/命令

数据块

读/写

分块服务器

图 2.1　大数据运行模式图

（2）数据类型繁多，包括所有的结构化数据、单结构化数据和非结构化数据。

（3）价值密度低，商业价值高。

（4）数据获取速度快，数据收集高效、智能[2]。

2. 大数据技术最核心的价值

大数据技术最核心的价值在于海量数据的存储和分析，其战略意义不是拥有大量的信息，而是可以对这些数据进行有目的的整合、归纳、加工，使其成为有意义、有条理、对生产工作有利的信息。换而言之，大数据技术具有对数据的加工能力，大数据平台犹如一座数据的工厂，将大量的、如同原材料一般的信息加工成为有用的产品[3]。

3. 大数据分析的基础[4]

1）大数据的使用者

大数据的使用者可分为大数据分析专家和普通用户，这两类人群对大数据分析最基本的要求就是可视化分析，因为可视化分析能够直观地呈现大数据的特点,且使用方便。

2）数据挖掘算法

大数据分析的理论核心是数据挖掘算法,数据挖掘算法是根据数据创建的一组试探算法和计算的综合。各种数据挖掘算法基于不同的数据类型和格式,可以更加科学地呈现数据本身的特点,能深入数据内部,挖掘公认的价值。另外,数据挖掘算法的运用不仅可以有效增加大数据处理的数量,同时还可以提升大数据处理的速度。

3）预测性分析

大数据分析最终的应用领域之一就是预测性分析,即从大数据中挖掘规律,科学地建立模型,随之可以将新的数据带入模型,从而预测未来的数据。

4）语义分析

大数据分析广泛应用于网络数据挖掘,可由用户的搜索关键词、标签关键词或其他输入语义分析和判断用户的需求,从而带来更好的用户体验和广告匹配效果。

5）数据和数据管理

大数据分析离不开数据和数据管理,高质量的数据和有效的数据管理,无论是在学术研究还是在商业应用领域都能保证分析结果的真实性和价值密度。

2.1.2 云计算相关概念

1. 云计算的相关特点

云计算的含义是:通过互联网把网络上的所有资源集成为一个称作"云"的非常庞大的、可配置的计算资源共享池(包括网络、服务器、存储、应用软件、服务),然后统一管理和调度这个资源共享池,向用户提供虚拟的、动态的、按需的、弹性的服务。当前,云计算技术已发展成基于计算机技术、通信技术、存储技术、数据库技术的综合性技术。

云计算基于一种按需索取、按需付费的模式,内核"云"实质上就是一个网络。从狭义上讲,云计算就是一种提供资源的网络,用户可以随时获取"云"上的资源,并按需使用,且"云"可以被认为是无限扩展的,只要按使用量付费就可以。从广义上讲,云计算是与信息技术、软件、互联网相关的一种服务,云计算平台集合了许多计算资源,通过软件实现自动化管理,只需要很少的人参与,就可以从中快速提取所需资源。如图 2.2 为云计算平台运行模式图。

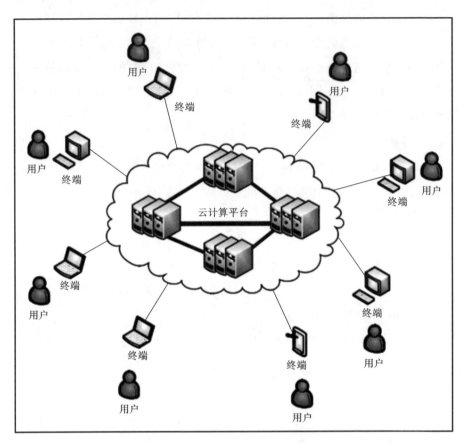

图 2.2　云计算平台运行模式图[5]

2. 云计算平台的体系结构

云计算平台的体系结构包括五部分,分别为应用层、平台层、资源层、用户访问层、管理层(见图 2.3),云计算的本质是通过网络提供服务,所以云计算平台以服务为核心。

1)应用层

应用层提供软件服务,包括企业应用服务和个人应用服务。企业应用服务是指面向企业的服务,如财务管理、客户关系管理、商业智能等;个人应用服务是指面向个人用户的服务,如电子邮件、文本处理、个人信息存储等。

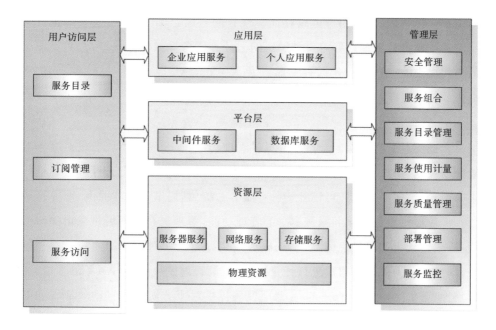

图 2.3　云计算平台体系图

2）平台层

平台层将资源层的服务进行了封装，使用户可以构建自己的应用。数据库服务模块提供可扩展的数据库处理功能，中间件服务模块为用户提供可扩展的消息中间件或事务处理中间件等服务。

3）资源层

资源层由基础架构层面的各个云计算服务模块，如服务器服务模块、网络服务模块、存储服务模块组成。这些服务模块可以提供虚拟化的资源，从而隐藏了物理资源的复杂性。物理资源是指物理设备，如服务器等。服务器服务模块是指操作系统的环境，如 Linux 集群等；网络服务模块是指提供网络处理能力，如防火墙、虚拟网技术（virtual local area network，VLAN）、负载等；存储服务模块是指为用户提供存储的能力。

4）用户访问层

用户访问层主要提供方便用户使用云计算服务的各种支撑服务，针对每个层次的云计算服务都需要提供相应的访问接口。服务目录管理模块是一个服务列表，用户可以从该模块中选择需要使用的云计算服务。订阅管理模块提供给用户订阅管理功能,用户可以在此模块查阅自己订阅的服务,或者终止订阅的服务。服务访问模块针对每种层次的云计算服务提供访问接口,针对资源层的访问提供的接口可能是远程桌面或者 X-Windows 接口,针对应用层的访问提供的接口可能是 Web 接口。

5）管理层

管理层对所有层次云计算服务提供管理功能:安全管理模块提供对服务的管理权控制、用户认证、审计等功能;服务组合模块提供对已有云计算服务进行组合的功能,使新的服务可以基于已有服务被提供,以节省创建时间;服务目录管理模块提供服务目录和服务本身的管理功能,管理员在此模块可以增加新的服务,或者从服务目录中删除服务;服务使用计量模块对用户的使用情况进行统计,并以此为依据对用户进行计费;服务质量管理模块提供对服务的性能,如可靠性、可扩展性进行管理;部署管理模块提供对服务实例的自动化部署和配置,当用户通过订阅管理模块增加新的服务订阅后,部署管理模块自动为用户准备服务实例;服务监控模块提供对服务的健康状态的记录。

2.1.3 大数据与云计算在消防领域中的应用

在消防工作中,不论是人员、场所、物料、设备,还是各类监控设施、报警器等,都在时刻产生大量数据。智慧消防运用物联网技术采集数据,使用"消防云端"汇总分析这些数据,并通过计算机、手机、平板电脑等终端,分级分类为监督检查、灭火救援等工作提供信息支撑,指导消防工作开展,打通各类业务之间的壁垒,实现数据流、业务流、管理流的高度融合,这是消防工作的发展方向。大数据与云计算在消防方面的应用主要表现在以下几个方面[6]:

1. 建设消防云计算平台

消防云计算平台整合了现有的虚拟化资源,并依托警用地理信息系统(geographic information system,GIS)、无线集群、视频监控系统,建设纵向贯通横向集成、互联互通、高度共享、适应实战需求的信息指挥中心,推进指挥扁平化、动态布警网格化,提升指挥调度和应急处置效能;平台智能整合"云数据",以市级、区级、基层三级消防应急救援中心共享协作为架构,建立集中、统一的全市应急信息资源大数据平台;集中和整合各类消防情报信息数据和各类视频数据,统一数据接口访问方式,开放数据资源目录,建立接口组件标准,实现数据互联,强化对数据的挖掘分析。

2. 采集整合数据资源

海量数据的采集与应用是大数据系统应用的首要前提,大数据系统建设首先依赖大量基础数据的获取。大数据系统可打通业务工作与信息化应用、基层实战与机关决策环节,实现数据流、业务流和管理流的高度融合,使海量基础数据源源不断地汇聚到大数据平台,通过云计算技术加工数据,生成有价值的火灾形势分析报告和业务指令,并将其推送到各级、各部门,从而形成基础数据信息化与火灾救援实战化的相辅相成、相互促进的良性机制,保障大数据对基层消防实战的作用能有效发挥。

3. 建设城市消防云监控系统

大数据系统与公共聚集场所危化品生产运输等重点单位的监控系统,以及中心自动报警系统联网。对人员密集场所的消防控制室(包括自动报警装置、自动灭火装置、消防通道、闭火门、楼梯、自动监听装置及高层建筑的楼层水压装置等)实施远程监控,将消防安全重点单位和派出所列管单位户籍化信息、消防安全评估结果、单位建筑信息、地下工程数据等一并实时导入消防云地理信息系统平台,在终端上直观展现各类单位的概况,即消防设施、建筑总体的情况以及城市地下、空中管网工程的情况,实现对重点单位的有效动态监管,为火灾防控、灭火救人、火因调查等工作提供信息依据。

4. 建设"一张图"可视化指挥系统

"一张图"可视化指挥系统基于大数据、大比例尺警用地理信息系统(police geographic information system,PGIS)、视频监控等技术手段,将受灾报警地点全方位定位在消防云地理信息系统上,使报警定位更精确。通过"一键式调度",系统将警情语音数据以广播形式发送给应急救援中心、指挥员、联动单位,同时搜寻相关预案、语音导航、交通监控诱导等信息,全方位、多角度地将整个灭火救援行动以语音、视频形式展现在平台上,实现火情信息更精准、辅助决策更有力、作战全程更直观的目标。"一张图"可视化指挥系统包括应急火警受理、消防指挥调度、火场通信、消防图像信息、消防车辆动态管理、灭火救援预案管理、消防情报信息管理、消防图文显示、消防指挥决策支持、重大危险源评估、指挥模拟训练等子系统。图 2.4 为"一张图"可视化指挥系统运用实例。

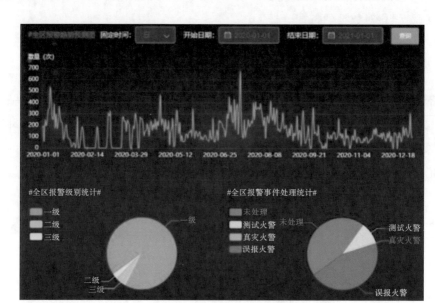

图 2.4   "一张图"可视化指挥系统[7]

5. 整合消防应急队伍管理系统[8]

消防云管理系统整合一体化办公系统、视频会议系统、队伍管理技防系统、日常业务系统等子系统,围绕各部门职能和相关人员的岗位职责,以业务数据质量、任务完成情况为主要指标,通过云计算进行数据交换,实现对各单位人员学习训练情况、各项制度落实情况的远程督查管理,管理人员可在不同的地点,使用不同的终端设备查询队伍的相关情况,促进工作的秩序稳定和正规化管理。

2.2   物联网技术

2.2.1   物联网相关概念

物联网就是万物相连的互联网,是通过射频识别传感器、红外感应器、全球定位系统、激光扫描器等,按约定的协议,把任何物品与互联网相连接,进行信息交换和通信,以实现对物品的智能化识别、定位、跟踪、监控和管理的一种网络[9]。物联网是将各种信息传感设备与互联网结合而形成的一个巨大的网络，可以实现人、机、物、环的实时相通，使这几者形成一个有机的整体，使信息得到高效的传递、指令得到快速的响应、物流变得更加快捷、应对风险时各类设施的支援更加迅速。"物联网就是万物相连的互联网"有两层意思：一是物联网的核心与基础仍是互联网，是在互联网基础上延伸和扩展的网络[10]；二是其用户端延伸和扩展到了几乎任意物品，实现了物与物的信息交换与通信。

2.2.2　物联网体系结构

物联网的体系结构尚未形成全球统一的规范，但目前大多数文献将物联网体系结构分为三层，即感知层、网络层和应用层[11]，它们之间是环环相扣、密不可分的。图 2.5 所示是物联网运行模式图。

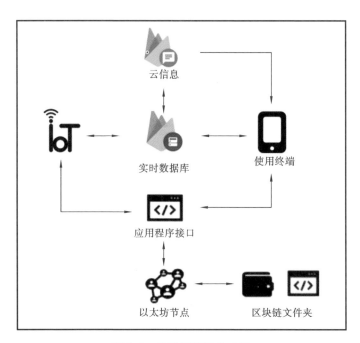

图 2.5　物联网运行模式图

1. 感知层

感知层犹如人的感知器官，物联网依靠感知层识别物体并采集信息。感知层主要实现物体的信息采集、捕获和识别，即以二维码、RD、传感器为主，实现对"物"的识别与信息采集。感知层是物联网发展和应用的基础,例如粘贴在设备上的 RFID 标签和用来识别 RFID 信息的扫描仪、感应器等都属于物联网感知层的内容。

2. 网络层

网络层在物联网模型中连接感知层和应用层,具有强大的纽带作用,用于高效稳定、及时、安全地传输上下层的数据。网络层由各种无线/有线网关、接入网和核心网组成,以实现感知层数据和控制信息的双向传送、路由和控制。接入网包括交换机、射频接入单元、3G/4G 蜂窝移动接入单元、卫星接入单元等。核心网主要由各种光纤传送网、IP(国际互联协议)承载网、下一代网络、下一代广电网等公众电信网和互联网组成,也可以依托行业或企业的专网。网络层包括宽带无线网络、光纤网络、蜂窝网络和各种专用网络,在传输大量感知信息的同时,对传输的信息进行融合等处理。

3. 应用层

应用层是物联网和用户(包括人、组织和其他系统)的接口,能针对不同用户、不同行业的应用,提供相应的管理平台和运行平台,并与不同行业的专业知识和业务模型相结合,实现更加准确和精细的智能化信息管理。应用层包括数据智能处理子层、应用支撑子层,以及各种具体的物联网应用。物联网的应用可分为监控型(物流监控、环境监测)、查询型(智能检索、远程抄表)、控制型(智慧交通、智能家居、智慧路灯)、扫描型(手机钱包)等,既有行业的专业应用,也有以公共平台为基础的公共应用。

2.2.3 物联网在消防领域中的应用

物联网在消防工程和消防安全系统中发挥着非常关键的作用,物联网可以及时向消防单位提供全面且准确的情报信息,而且物联网能够实现远程监控、远程操控、远程管理和小范围灾害自动处理等。图 2.6 所示是物联网在消防领域中应用的简单实例。

物联网技术在消防安全中的运用十分广泛,具体可分为以下几点[13]:

1. 消防水源的远程监控

消防水源的远程监控是指借助物联网技术,在消火栓、消防水池、天然湖泊

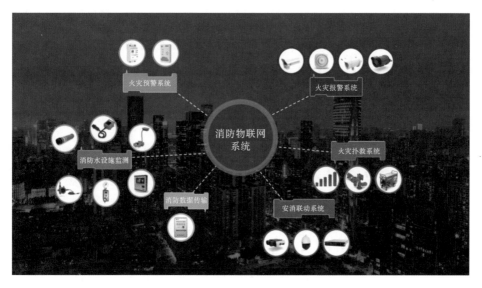

图 2.6　消防物联网系统[12]

等重要位置安装无线或有线通信设备,利用水流触发传感器,定期将水源信息发送至中心服务器,工作人员通过手机、无线或有线计算机等终端设备,实时查询消防水源的状态等情况,实现对消防水源的实时联网监控的一系列过程。同时,借助全球定位系统(GPS)、地理信息系统等技术提供的定位信息,工作人员能及时、动态地掌握各类消防水源的位置信息。一旦有火灾事故发生,消防水源的实时信息就可通过物联网技术准确无误地被传递到指挥中心及作战车辆,为灭火救援行动的迅速展开提供准确的水源信息。

2. 建筑消防设施的远程管理[14]

　　建筑消防设施主要包括消防喷淋装置、消防水泵、感烟传感器、感温传感器、安全疏散标志、消防安全门等。建筑消防设施的完好程度对初期火灾扑救有着十分重要的影响。为确保这些消防设施处于良好的工作状态,目前常规的做法是人工检查,而人工检查难免存在疏忽,并且主观性较强,对人的责任心、专业知识能力的依赖度较高,而借助物联网技术,完全可以实现对消防设备的全动态智能监控。通过在消防设施的后端安装通信芯片,物联网系统就可以将感烟和感温的状态信息实时传输到后方监控中心,监控中心人员就可以随时掌握感烟传感器和感温传感器的状态。对于消防安全通道,可以借助智能视频监控技术。在消防安全通道内使用视频监控手段监控指定区域,并采用视频处理系统实时分析前端摄像头拍摄的范围或者在指定区域是否有长时间占位的物体,当消防安全通道存在此类隐患时,智能视频监控平台会及时收到告警通知。物联网技术手段的应用将有助于防火监督员高效开展消防检查任务。

3. 建筑物的远程管理

为每栋建筑物建立相应的数据库,重点部位的设备安装相应的传感器,管理和检查人员可以通过无线手持设备读取重点部位中每个设备的信息以及运行情况。当设备出现故障时,传感器会自动向远程管理系统发出警报,由于报警系统中植入了带有发射功能的芯片,当报警系统检测到传感器向管理系统发出警报时会主动向相关人员的手机发送信息,并向消防部门发出报警信息。建筑物远程管理系统与城市消防远程监控系统的不同之处在于,除了可以管理报警设备外,还可将消火栓、灭火器,甚至消防应急灯等纳入管理范围,并且可以设置独立的管理单元,在单位内部实现高效管理,使管理费用更低,管理方式更灵活。

4. 消防产品的远程管理

消防器材出厂时,每个器材上都会配备一个电子标签,电子标签的内容包括消防器材类型、认证信息、基本参数、出厂日期、使用寿命以及消防部门数据库的唯一编号等,以唯一编号作为标识,达到消防器材零伪造的目的。在检查中,巡查员只需手持无线终端设备,对预装有芯片的器材进行扫描和采集数据即可。消防产品管理系统对采集的各种数据进行自动分析后,可对每个区域的总体消防巡查情况做出系统性报告,并且可以和以往巡查的数据进行比较,将结果提供给消防部门作为参考,实现监督检查的智能化。

5. 消防控制室值班人员的远程管理

单位消防安全管理人员利用系统集成的视频监控功能,随时可通过计算机或手机查看单位的消防控制室、消防配电房等重点部位值班人员的在岗在位和履职情况,并与值班人员直接通话,杜绝发生值班人员离岗脱岗的情况。消防监督人员根据需要可进行远程抽查。

6. 重大活动消防工作的智能监控

重大活动的特点就是人员高度聚集、客流量大、人员流动性强,这为消防管理工作带来很大压力。消防管理部门借助物联网技术可以提供有效的客流监控和引导。通过对各区间的人群总量、人员密度以及人员流向的实时监控,消防管理部门可以在发生火灾等紧急情况时疏导人群,从而确保活动安全有序进行。

2.3　数字孪生技术

2.3.1　数字孪生技术相关概念

数字孪生是指把现实世界中的物理模型映射到数字世界中,在虚拟的数字世界中形成与现实世界物理模型相对应的数字模型,简而言之,就是以数字模型的方式来呈现现实世界的物理模型,从而可以在虚拟环境中完成真实世界难以开展的各种分析研究,是一种抽象的、简化的数字模型法[15]。如图 2.7 就是数字孪生技术的一种应用实例。

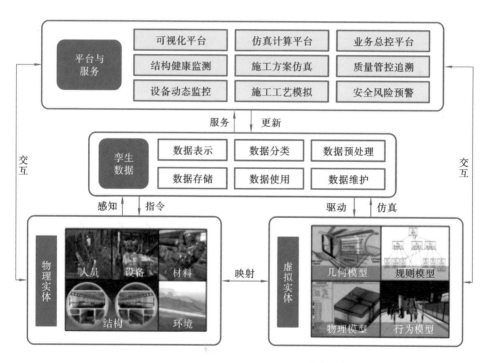

图 2.7　数字孪生技术的应用[16]

另外数字模型和物理模型可以进行双向的信息交流融合,相互促进发展,从而促进现实世界中物理系统的不断发展进步。物理实体、虚拟模型、数据、连接、服务是数字孪生的核心要素[17]。

数字孪生理念对智慧城市与综合能源系统的协调发展具有重要意义。在未来智慧城市中,能源是人类能长久发展下去的重要基础,如何合理地进行能源调配、协调是一大难题,考虑到综合能源系统的复杂性,能源与其他多领域的协调交互、在大规模复杂城市层面的协同优化等都需要在数字空间中完成,人工智能等先进信息技术的应用也需要依赖数字空间提供的融合数据基础和高效执行环境[18]。

总的来看,数字孪生已成为当前复杂系统数字化和信息化发展的共性目标之一,不仅可为系统自身建设运行水平的提升提供手段,同时也为传统领域与"云大物移智"前沿技术成果融合后的潜力释放创造了有利条件。在内部需求发展和外部技术进步的双重驱动下,数字孪生逐步发展成为综合能源领域的热点问题[19]。

2.3.2　数字孪生技术在消防领域中的应用

数字孪生技术在消防行业中具有广泛的应用前景,其对于提高消防安全水平、优化消防救援工作、提高消防设施运行效率等有着重要的意义。其在消防领域中的应用主要表现在以下几个方面:

1.建筑物消防安全评估

数字孪生技术可以将建筑物的结构信息、消防设施信息、烟雾及温度情况等数据融合到一个模型中,以实现建筑物消防安全评估,为制定合理的消防安全方案提供参考。

2.火灾预测和预警

数字孪生技术可以通过对历史火灾数据和实时气象数据进行分析,建立火灾预测模型和预警系统,提前预测火灾风险,帮助人们采取有效的消防措施和应对策略。

3.火场指挥和救援决策支持

数字孪生技术可以实现实时火场监测,并将数据反馈给指挥中心,帮助指挥中心更好地掌握火场情况,做出科学的指挥和救援决策,提高救援效率和准确性。

4. 消防演习和培训

数字孪生技术可以模拟火灾场景,进行消防演习和培训,帮助消防人员更好地掌握实战技能和应对策略,提高其工作效率和救援质量。

5. 消防设施维护和更新

数字孪生技术可以对消防设施进行建模和监测,实现对消防设施的定期维护,及时发现设施存在的问题,并进行更新、修复,保证消防设施的正常运行和安全使用。

综上,数字孪生技术可以提高消防安全水平、优化消防救援工作、提高消防设施运行效率等,对消防行业的发展意义重大。

2.4　地理信息系统

2.4.1　地理信息系统概念

地理信息系统(GIS)是利用计算机计算实现对地理、地貌、环境等要素的表达、获取、处理、管理、分析与应用的一种时空信息管理系统。

地理信息系统的运行是通过以下几个步骤实现的[20]:

1. 数据输入

数据输入是把现有资料按照统一的参考坐标系、统一的编码、统一的标准和结构组织转换为计算机可处理的形式,再将其输入数据库的过程。目前,数据输入越来越多地借助非地图形式,遥感(remote sensing,RS)数据和全球定位系统数据已成为 GIS 的重要数据来源。

2. 数据处理

GIS 对空间数据的处理主要包括数据编辑、数据综合、数据变换等,最终形成具有拓扑关系的空间数据库。GIS 中的数据分为栅格数据和矢量数据,如何有效地存储和管理这两类数据是 GIS 的基本问题。大多数 GIS 采用了分层技术，即根据地图的某些特征把它们分成若干图层分别存储，把选定的图层叠加在一起形成一张满足某些特殊要求的专题地图。

3. 空间分析和统计

空间分析和统计是 GIS 的一个重要功能，它的主要作用是帮助用户确定地理要素的关系，为用户提供一个解决各类专业问题的工具，这也是 GIS 得以广泛应用的重要原因。GIS 空间分析分为矢量数据空间分析和栅格数据空间分析两大类：矢量数据空间分析包括空间数据查询、属性数据分析、缓冲区分析和网络分析等；栅格数据空间分析包括记录分析、叠加分析和统计分析等[21]。

4. 地图显示与输出

GIS 可将空间地理信息以地图、报表、统计图表等形式显示在屏幕上，用户利用开窗缩放工具可以放大和缩小所显示的地图中的任意点和范围，系统也支持按照某一比例尺显示，还可按照用户需要设置制图符号和颜色，根据编辑好的空间数据分层、逐层叠加形成各种专题图，通过绘图机、打印机等输出。

5. 二次开发和编程

大多数 GIS 都提供二次开发环境，包括提供专用语言的开发环境，用户可调用 GIS 的命令和函数。系统配有专门的控件，方便用户编程开发。用户可以很方便地编制自己的菜单和程序，生成可视化的用户界面，完成 GIS 应用功能的开发[22]。

2.4.2　GIS 在消防领域中的应用

GIS 在消防领域已经有了较为广泛的应用，图 2.8 为 GIS 在消防领域中的应用实例。GIS 在消防领域中的作用具体如下。

1）提供消防信息

（1）可以管理各种消防资源，包括消火栓、消防水源、输水管道、消防喷淋系统等的信息。

（2）可以有效地、可视化地管理消防重点地区的数据库、重点单位的数据

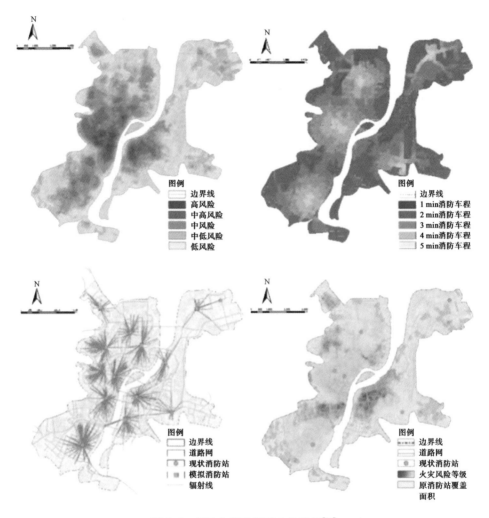

图 2.8　GIS 在消防领域中的应用[23]

库、重点部位的数据库、消防实力数据库、危险化学品的数据库和抢险救援预案
数据库等。

（3）能准确及时地定位火灾报警的位置。在接警时能立即正确反映报警电
话的位置、单位或名称，正确反映起火单位周围的客观情况，并能快速将其传输
到中队终端，出动命令单上既包括起火单位名称、地址、燃烧物等文字内容，也
包括火灾单位所在位置的地图信息等内容[24]。

2）管理消防安全单位信息

GIS不仅可以管理图形数据,还可以管理属性数据、多媒体数据。因此,其不仅可以反映重点消防单位的位置,还可以与重点单位的方略图、平面图、立面图、作战图和视频图像等信息关联,从而可以图形化地制订灭火作战预案,预案就是针对重点消防单位预先制订的消防方案。

GIS借助建筑设计电子文档、设计图纸或后期人工绘制的图纸来管理车间、仓库、房间和通道等,还可以提供丰富的预案。预案由文字信息和图形信息两部分组成:文字信息描述预案的基本情况,包括预案的内容、处置方案、警力构成、装备、警力布置和联系方式等;图形信息用于描述保护对象的建筑平面图、警力布置图等。所有预案信息都存储在数据库中形成预案数据库。当发生火灾时,这些信息资源可以快速被调用,从而为灭火作战提供有力的行动指南,做到系统、科学地处置灾情。

3）应用于火灾救援

消防应急终端可以打印关于火灾的相关文字,通过在消防车上安装GPS,指挥中心的地图上能及时显示车辆的行进路线和具体位置,指挥中心可以随时纠正车辆的路线和位置。应急指挥车上配备计算机,消防GIS不仅显示出动命令,还能直接显示消防重点地区、消防重点单位、消防重点部位火灾爆炸或化学灾害事故的救援过程,工作人员能直接查阅处置预案和处置方法。高空瞭望系统将自动搜索到的灾情发展变化情况传输到计算机上,这样,在消防应急救援队出动途中,指挥员可以根据火势和消防GIS提供的信息,预先下达救援车辆作战任务或灭火救人的命令。

4）应用于城市消防规划

GIS是基于图形方式的,相关信息内容比较详细、精确,并且在计算机上能较直观地反映各种数据的实图,可以及时进行各种消防重点单位的选址、规划、建设,包括消防站点的规划,以及消防水源的建设规划。通过将各种规范数据输入计算机,GIS将自动判断规划的合理性并计算间距,以减少传统人为判断的失误和不准确性。

5）火灾预测

GIS可以统计分析火灾数据,在地图上直观地反映区域、行业火灾分布情况,以便指挥中心制订科学的预防措施和对策,减小火灾事故发生的概率。

GIS还能分析火灾隐患,基于GIS的火灾隐患信息管理系统既能形象地反映情况,又能实现动态管理。通过信息查询、分析评价与科学决策等功能,系统还能科学预测城市的突发性事件,从而产生非常明显的社会效益和经济效益,为各级政府的决策提供科学依据,便于各级安全监督部门有针对性地加强督查工作。

6)消防指挥

GIS可以显示火灾地点的全域特征,且能以变化的比例尺进行放大缩小,方便消防工作人员把握全局。GIS结合消防应急指挥系统中不同子系统的各个业务处理进程,能实现城市地图、街道分布图、重点消防单位分布图、水源分布图、消防中队分布图等的多层次、高质量、智能化切换,为消防工作的指挥提供便利,使消防工作高效、精准开展。

7)消防力量部署

在一些比较大的火灾现场,由于地形复杂、参与救援车辆比较多,且应急救援力量到场时缺乏统一的指挥,车辆停放混乱的现象屡见不鲜,这不仅影响救援工作的迅速展开,也会对参与救援队伍的自身安全造成较大的威胁。而采用随车GIS后,应急救援中队能在前往火场的途中充分了解发生火灾的目标信息、火场地形、通道和水源位置,指挥中心可以实时部署应急救援力量,使应急救援中队指挥员明确车辆的停靠位置、救援路线和任务,到场后能迅速投入救援。

8)交通情况监控

消防工作刻不容缓,在多数情况下,私家车会主动为消防车辆让行。但是遇到车流量高峰期交通堵塞的情况,则难以开展车辆疏散,难免对消防车队造成阻碍,影响救火的时间,使损失进一步扩大。这时候就需要GIS指出到达火场最快捷且不拥堵的线路,另外还能随时根据路况动态地变更线路。车载GPS通过无线网络将车辆的行驶参数传送到指挥中心,可以实时显示每一辆消防车的具体位置和时速,确保应急救援中队能在保证安全的前提下尽快赶到火场,参与灭火救援行动。

2.5 虚拟现实技术

2.5.1 虚拟现实技术概念

虚拟现实(virtual reality,VR)技术是二十世纪末发展起来的一门集合了计算机、传感器、人工智能、仿真、微电子技术的高新技术。简单来说是设备通过高新技术的模拟,构造出一个模拟现实世界的虚拟世界,让人能够身临其境[25]。理想中的 VR 技术是利用计算机创建的一种虚拟环境,该环境通过视觉、听觉、触觉、味觉、嗅觉等,使用户产生和现实一样的感觉,实现用户与环境的直接交互。如影片《头号玩家》就是对 VR 技术在游戏领域应用的一个大胆的设想。可以说,一个好的 VR 环境是利用计算机图形学、图像处理、模式识别、语音处理、网络技术所构成的大型综合集成环境[26]。

VR 技术有沉浸感、交互性和构想性三个基本特征[27]:沉浸感是指 VR 系统不同于传统的计算机接口技术,用户和计算机的交互方式是自然的,就像现实中人与自然交互一样,人可以完全沉浸在通过计算机所创建的虚拟环境中;交互性是指 VR 系统区别于传统的三维动画的特性,用户不再是被动地接受计算机所给予的信息,而是能使用交互输入设备来操控虚拟物体,以改变虚拟世界;构想性是指用户利用 VR 系统可以从定性和定量综合集成的环境中得到对环境的感性和理性认识,从而深化概念和萌发新意。

2.5.2 虚拟现实技术在消防领域中的应用

随着 VR 技术的不断发展,该技术越来越多地被用在消防领域中。VR 技术对消防工作有着重要积极作用,可用于消防模拟演练、模拟灭火等。图 2.9 所示为消防单位的 VR 灭火演练系统。

而 VR 技术对于消防工作的正向作用远不止于此。VR 技术对消防工作具体起到以下作用。

1. 促进消防演练方式的转变

当今科技飞速发展,火灾情况的复杂度也在逐渐提高,这就需要在日常的

图 2.9　VR 灭火演练系统

演练中,以实际为导向,根据实际情况的需要进行有针对性的演练,使演练更加接近真实情况。但是,所有的消防单位都进行实地演练,在财力和时间方面的消耗都会很大,而 VR 技术为仿真训练提供了一种可贵的渠道。应用 VR 技术可以复原真实场景,达到与真实演练一样的效果,还可以减少对时间和资金的投入,一举两得。消防队员在演练时可以重点演练需要掌握的技能,增强针对性,从而可对突然发生的火灾有足够的心理准备,对消防技能的应用得心应手。消防队伍要实现团队工作,更应保障日常演练的高效。VR 技术将各个分散的过程整合到一起,消防人员能看到发生火灾的场景,听到火灾现场的声音,对火灾现场有一个立体的感知,依照预先确定的灭火方案,了解自己的分工和负责的环节。

2. 实现火灾发生原因的完整分析[28]

在以往的火灾现场,消防人员会遇到很多必须使用专业技术才能成功处理的问题,此时仅使用人的眼睛和思维是很难判断的。消防人员可以运用 VR 技术创建使人们信服的、有充分科学依据的模型,并利用 VR 技术比较完整地分析发生火灾的原因,降低操作失误的概率。

3. 提供先进的预警机制和火场指导

VR 技术应用于消防工程的实施过程时,对消防安全重点单位的建筑进行三维建模并存放于系统的大型数据库中,在消防安全重点单位建筑物的重点部位设置感烟、感温等传感器,将这些传感器反馈的信号通过网络传回系统。一旦发生火情,系统会依据传回的信号在虚拟的场景中标记着火点,消防人员可以通过预先建立的模型了解发生火灾的建筑物结构,设计救火方案,为救火赢得宝贵的时间。在灭火的过程中,消防指挥人员可以借助 GPS 实时了解现场消防人员的位置,这样不仅可以大大提高消防人员的安全系数,而且可以使消防指挥人员了解救援的现场情况,方便指挥和调度[29]。

4. 制订科学高效的现场人员疏散方案

运用 VR 技术建立火灾疏散模型(例如,合理设置商场内消防通道的数量,评估位置是否合理,模拟商场高峰期能容纳的人数及通道吞吐量,模拟毒气和烟气、照明强度和逃生通道设施等),进行火灾疏散三维实景的实验,可以设计出相对科学合理的人员疏散预案。这个预案可用于消防人员训练和民众逃生训练。在火灾现场,消防指挥员可以根据此预案结合现场传递来的实时信息,及时执行或做出部分调整,并形成真实的现场人员疏散逃生方案。

2.6 区块链技术

2.6.1 区块链技术的原理与特点

区块链技术指的是由丰富的独立节点(连接到区块链网络中的计算机)共同参与而产生的分布式数据库,它借助哈希函数将分布至各区块的信息紧密串联,构成完整链条[30]。区块链技术是分布式数据存储、点对点传输、共识机制、加密算法等计算机技术在互联网时代的创新应用成果。它的核心技术是密码

学、共识算法、网络。区块链可以简单地分为交易、区块、区块链[31]几部分。图
2.10 为区块链的运行模式简图。

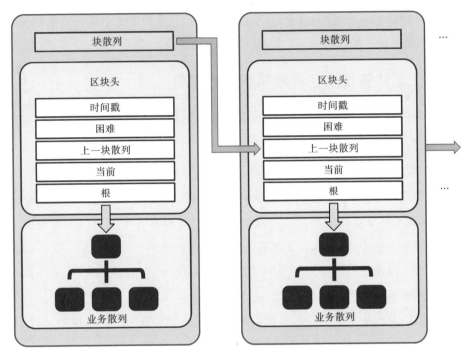

图 2.10　区块链的运行模式简图[32]

1. 区块链技术的原理

（1）区块链技术是一种按照时间顺序将数据区块以顺序相连的方式组合成
一种链式数据结构的技术。

（2）区块链技术收录所有历史交易的总账，每个区块中包含若干笔交易记
录，是区块从后向前有序链接的数据结构。在区块链中，每个块都包含关于该
块的数据的标题，例如技术信息、对前一个块的引用，以及包含在该块中的数字
指纹（又名"散列"）等。散列对于排序和块验证是非常重要的。

2. 区块链技术的特点

（1）去中心化：用户之间用点对点的方式交易，地址由参与者本人管理，余
额由全局共享的分布式账本管理，安全性依赖于所有参加者，由大家共同判断

某个成员是否值得信任。

（2）透明性：数据库中的记录是永久的、按时间顺序排列的，对于网络上的所有其他节点都是可以访问的，每个用户都可以看到交易的情况。

（3）记录的不可逆性：由于记录彼此关联，一旦在数据库中输入数据并更新了账户，则记录不能更改。

2.6.2 区块链技术在消防领域中的应用

区块链技术应用在消防领域中，主要可以解决以下问题，以提高消防安全信息化的管理水平。

1. 去中心化，实现信息共享

现阶段，消防安全信息系统的建设各自为政，信息共享不足。利用区块链技术，可在不同节点存储并计算不同类型的数据，再将各个节点的数据资源集成到区块链系统中，通过数据加密算法解决数据共享后的权限问题。区块链技术具体可应用于包括视频监控系统、消防装备系统、消防报警系统、调度指挥系统等系统的整合。引入区块链技术可以将视频监控部门、装备管理部门、装备使用部门以及现场指挥部门的各项数据整合到一个完整的网络系统中，使信息充分共享，从而有效提升消防安全管理的水平[33]。

2. 消除消防安全信息的信任风险

区块链技术拥有开放、透明的特性，系统的参与者能知晓系统的运行规则。由于区块链技术的特点，每个节点上传的数据都是真实完整的，并且具有可追溯性，可有效降低系统的信任风险[34]。将区块链技术应用到消防安全管理领域，能确保原始信息的准确性，并能记录信息修改的全过程，可以有效防止信息被人为修改。一些对消防安全要求较高的场所，如大型酒店、娱乐场所等均可作为区块链技术的单独节点，节点信息可以真实有效地反映当前消防安全的状态，并可及时调整，从而提升消防安全信息的完整度和可信度[35]。

3. 区块链技术在消防问责中的应用

2018年以来，为控制灾害事故的发生、提升责任政府的构建能力，问责制度的应用在公共安全领域被不断深化，消防安全领域的问责显得尤其重要。区块链技术可以获取数据流，它与智慧消防的融合可以更好地连接所有的消防服务,提高消防的安全性和透明度,为认定消防事故的责任主体提供技术与数据支撑。

本章参考文献

[1] KHALIL M I,KIM R Y,SEO C. Challenges and opportunities of big data [J]. Journal of Platform Technology,2020,8(2):3-9.

[2] 王文利,杨顺清.智慧消防实践[M].北京:人民邮电出版社,2020(7):12-13.

[3] KIM W,JEONG O R,KIM C. A holistic view of big data[J]. International Journal of Data Warehousing and Mining,2014,10(3):59-69.

[4] 赵诚婧.大数据技术在智慧消防领域的应用研究[J].消防界,2021,7(17):68,70.

[5] 谢容丽.边缘云计算体系结构及数据迁移方法分析[J].电子技术与软件工程,2021,218(24):134-135.

[6] 李伟.大数据在消防工作中的探索与思考[J].警察技术,2016,(5):20-22.

[7] 王德芬. 消防大数据平台的研究与应用[D].南昌:南昌大学,2021.

[8] 张彪,张颖.大数据在消防领域中的研究[J].科技展望,2016,26(15):20.

[9] SENG K P,ANG L M,NGHARAMIKE E. Artificial intelligence Internet of Things:a new paradigm of distributed sensor networks〔J〕. International Journal of Distributed Sensor Networks,2022,18(3).

[10] HEER T,GARCIA-MORCHON O,HUMMEN R,et al. Security challenges in the IP-based Internet of Things[J]. Wireless Personal Communications, 2011,61(3):527-542.

[11] 陆军,沈亚飞.浅析物联网技术在消防领域中的全新应用[J].消防技术与产品信息,2011(8):25-28.

[12] 消防百事通.科大立安消防物联新品发布:以科技诠释城市安全解决之道 [EB/OL].[2020-05-28].https://new.fire114.cn/pc/zx/detail?id=76709.

[13] 王金生.物联网技术在消防信息化建设中的应用[J].中国高新科技,2021

(18):51-52.

[14] SHAMSZAMAN Z U, ARA S S, CHONG I, et al. Web-of-Objects
(WoO)-based context aware emergency fire management systems for the
Internet of Things[J]. Sensors, 2014, 14(2): 2944-2966.

[15] HUMAN C, BASSON A H, KRUGER K. A design framework for a
system of digital twins and services[J]. Computers in Industry, 2023,
144:103796.

[16] 覃文波,周诚,陈健.城市轨道交通数字孪生标准体系研究[J/OL].土木建
筑工程技术:1-8[2023-04-04]. http://kns. cnki. net/kcms/detail/11.
5823. TU. 20230327. 1317. 006. html.

[17] QI Q, TAO F, HU T, et al. Enabling technologies and tools for digital
twin[J]. Journal of Manufacturing Systems, 2019, 58: 3-21.

[18] SARACCO R. Digital twins: bridging physical space and cyberspace[J].
Computer, 2019, 52(12): 58-64.

[19] 王成山,董博,于浩,等.智慧城市综合能源系统数字孪生技术及应用[J].
中国电机工程学报,2021,41(5):1597-1608.

[20] 杜琨,魏东.GIS 在消防领域中的应用探析[J].中国公共安全(学术版),
2015(1):70-74.

[21] LI F, YAN J, XIONG X, et al. GIS-based fuzzy comprehensive evaluation
of urban flooding risk with socioeconomic index system development[J].
Environmental Science and Pollution Research International, 2023, 30
(18):53635-53647.

[22] XU H, ZHANG C. Development and applications of GIS-based spatial
analysis in environmental geochemistry in the big data era [J].
Environmental Geochemistry and Health, 2022:1079-1090.

[23] 陈家轩.基于 GIS 的城市火灾风险评估与应用研究以南充市中心区为例
[J].福建建筑,2023,296(2):134-140.

[24] 王忠伟.GIS 技术在消防领域的应用[J].硅谷,2011(10):149.

[25] 王晓君.虚拟现实技术在消防战训工作中的应用探讨[J].消防界,2021,7
(22):67-68.

［26］ ALLGAIER M,SPITZ L,BEHME D,et al. Design of a virtual data shelf to effectively explore a large database of 3D medical surface models in VR ［J］. International Journal of Computer Assisted Radiology and Surgery, 2023,18(11):2013-2022.

［27］ GOUTON M A,DACREMONT C,TRYSTRAM G,et al. Effect of perceptive enrichment on the efficiency of simulated contexts: comparing virtual reality and immersive room settings［J］. Food Research International, 2023,165:112492.

［28］ 潘华.消防战训工作中虚拟现实技术的应用探究［J］.今日消防,2020,5 (12):14-15.

［29］ 付丽秋.虚拟现实技术在灭火救援模拟实验中的应用［J］.实验技术与管理,2015,32(4):130-132.

［30］ 陆乐.区块链技术在构建智慧消防信息共享体系中的应用［J］.智能建筑与智慧城市,2021(2):38-39.

［31］ 钟玮琦,武瑞佳,徐东英.基于区块链技术与 ZigBee 技术的建筑消防系统［J］.物联网技术,2020,10(9):92-95.

［32］ DATTA S,SINHA D. BESDDFFS:blockchain and EdgeDrone based secured data delivery for forest fire surveillance ［J］. Peer-to-Peer Networking and Applications,2021,14(6):3688-3717.

［33］ AN J,WU S,GUI X,et al. A blockchain-based framework for data quality in edge-computing-enabled crowdsensing［J］. Frontiers of Computer Science, 2023,17(4).

［34］ FOTIA L,DELICATO F,FORTINO G. Trust in edge-based Internet of Things architectures:state of the art and research challenges［J］. ACM Computing Surveys,2023,55(9).

［35］ PASDAR A,LEE Y C,DONG Z. Connect API with blockchain:a survey on blockchain oracle implementation ［J］. ACM Computing Surveys, 2023,55(10).

第 3 章
动态消防安全风险评估指标构建

评估指标的确定是进行体育场馆动态消防安全风险评估的基础工作和完成核心任务的前提,评估指标是否科学、合理、操作性强,关系到评估结果能否真实反映火灾风险状况,能否全面提升体育场馆火灾防控水平。因此,在体育场馆动态消防安全风险评估中需要科学合理地对评估指标进行定量设计。

3.1 动态消防安全风险评估指标设计原理和原则

3.1.1 动态消防安全风险评估指标设计原理

虽然消防安全风险评估的领域、方法、手段多种多样,被评估对象的属性特征以及火灾的特点也各不相同,但是消防安全风险评估的原理基本上是一致的,总体来说可归纳为以下四个:相关性原理、类推原理、惯性原理和量变到质变原理[1]。在设计动态消防安全风险评估指标时,应遵循这四个原理。以体育场馆系统为例,这四个原理的具体体现以及相互关系如图 3.1 所示。

1)相关性原理

一个系统的火灾危险源和系统的火灾特征之间存在着因果关系,即有一定

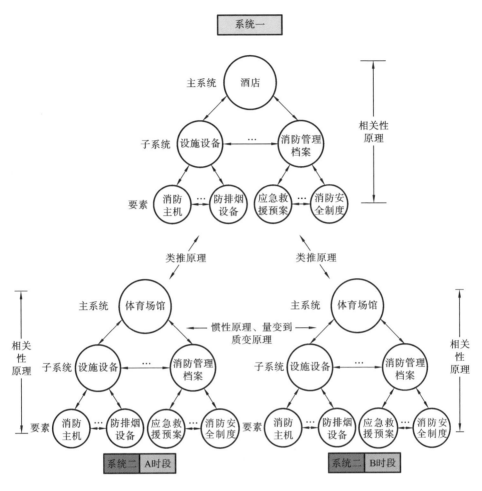

图 3.1　四个原理的具体体现以及相互关系图

的相关性，这种相关性是消防安全风险评估方法的理论基础。

在消防安全风险评估中，通常把所要评估的对象视为系统。所谓系统，就是为实现一定的目标，将多种要素有机联系起来而形成的整体。

系统的目标是由组成系统的各子系统、要素综合发挥作用的结果。因此，系统与各子系统之间、各子系统与各要素之间有着密切的相关关系，而且各子系统之间、各要素之间也都存在着密切的相关关系。在评估过程中只有找出这种相关关系，并建立相应的模型，才能正确地对系统的火灾风险进行评估。

有因才有果，这是事物发展变化的规律。事物的原因和结果之间存在密切关系。通过研究、分析各个系统要素之间的依存关系和影响程度，可以探求其变化的特征和规律，并可以预测系统未来状态的发展变化趋势。

火灾和导致火灾发生的各种危险源之间存在着相关关系。危险源是原因，火灾是结果，火灾的发生是许多因素综合作用的结果。只有分析各因素的特征、变化规律、影响火灾发生和火灾后果的程度，以及从原因到结果的途径，揭示其内在联系和相关程度，才能在评估中得出正确的结论。

例如，可燃气体泄漏引起的火灾事故是由可燃气体泄漏、可燃气体与空气混合达到爆炸极限和存在引燃能源这三个因素综合作用的结果。而这三个因素又是由系统设计失误、设备发生故障、安全装置失效、操作失误、环境不良、管理不当等一系列因素造成的。火灾事故后果的严重程度又和可燃气体的物理与化学性质（如闪点、燃点、燃烧速度、热值等）、可燃气体的泄漏量及空间密闭程度等因素有着密切的关系。所以在评估中需要分析这些因素之间的因果关系和相互影响程度，并定量地加以描述，才能得到正确的结果。

2）类推原理

类推原理亦称类比原理。类推是人们经常使用的一种逻辑思维方法，常用来作为推出一种新知识的方法。它是根据两个或两类对象之间存在的某些相同或相似的属性，从一个或一类已知对象具有某个属性来得出另一个或另一类对象具有此种属性的结论的一种推理过程。类推原理在人们认识世界和改造世界的活动中，具有非常重要的作用。

类推原理在消防安全风险评估中经常使用。我们不仅可以由一种现象推算出另一种现象，还可以依据已有的统计资料，采用科学的估计推算方法来得到基本符合实际的所需资料，以弥补调查统计资料的不足，供分析研究使用。

3）惯性原理

任何事物在其发展过程中，从过去到现在乃至将来，都具有一定的延续性，这种延续性称为惯性。

利用惯性原理可以研究事物或评估一个系统的未来发展趋势。例如，从一个单位过去的消防安全状况、火灾统计资料找出火灾发展变化的趋势，以推测其未来的消防安全状态。

利用惯性原理进行评估时应注意以下两点：

（1）惯性的大小。惯性越大，影响越大；反之，惯性越小，则影响越小。例如,一个生产经营单位如果疏于管理,违章作业、违章指挥、违反劳动纪律情况严重,事故就多,若任其发展则会愈演愈烈,而且有加速的态势,惯性就会越来越大。对此,必须立即采取相应对策措施,终止或改变这种不良惯性,才能防止事故的持续发生。

(2)惯性是变化的。一个系统的惯性是系统内部各个因素互相联系、互相影响,进而按照一定规律发展变化的一种状态趋势。因此,只有当系统是稳定的且受外部环境和内部因素影响产生的变化较小时,其内在联系和基本特征才可能延续下去,该系统所表现的惯性发展结果才基本符合实际。但是,绝对稳定的系统是没有的,因为系统在受外力作用时,其发展可加速或减速,甚至改变方向。这样就需要对一个系统的评估结果进行修正,即在系统主要方面不变而其他方面有所偏离时,就应根据其偏离程度对所出现的偏离现象进行修正。

4)量变到质变原理

任何一个事物的发展变化过程都遵循从量变到质变的规律。同样,在一个系统中,许多有关火灾的因素也遵循从量变到质变的规律。在进行消防安全风险评估时,也应遵循从量变到质变原理。例如,许多定量评估方法中,有关危险等级的划分都应用了量变到质变原理,如"道化学公司火灾爆炸危险指数评价法"(第七版)中,按 F&EI (火灾、爆炸指数)划分了危险等级,F&EI 值从 1 至高于 159,经过了 1~60、61~96、97~127、128~158、高于 159 的量变到质变的不同变化层次,即分别为"最轻"级、"较轻"级、"中等"级、"很大"级、"非常大"级;而在评估结论中,"中等"级及以下的级别是"可以接受的",而"很大"级、"非常大"级则是"不能接受的"。因此,在进行消防安全风险评估时,考虑各种火灾危险因素的危害,以及对采用的评估方法进行等级划分等,均需要应用量变到质变原理。

3.1.2　动态消防安全风险评估指标设计原则

评估指标是风险评估的基础,指标是否合理直接影响评估结果的准确性和科学性[2]。评估指标体系应该是科学的、系统的、动态的,具有层次性、可操作性,并且是定性与定量相结合的,其中动态性和系统性是火灾风险最重要的特性。动态消防安全风险评估指标体系建立原则受动态消防安全风险评估的原理影响,它们之间的关系如图 3.2 所示。

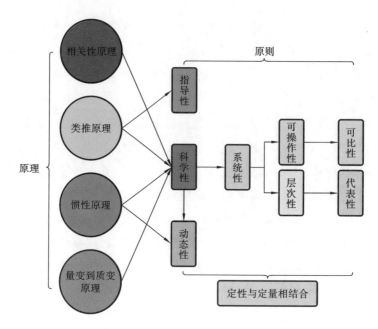

图 3.2　动态消防安全风险评估指标体系建立原则与评估原理间的关系

（1）科学性原则。必须运用科学的方法和手段确定各评估指标,使各指标能较为客观和真实地反映城市火灾风险的状态,以便做出真实有效的评价。各指标之间要有一定的逻辑关系,反映城市消防安全的内在联系。

（2）指导性原则。评估环节为改进和加强消防工作提供科学的决策依据,加强公共消防安全管理。

（3）系统性原则。系统性原则要求从火灾风险的本质出发,结合实际情况,使指标体系能全面反映被评估对象的综合情况。

（4）动态性原则。火灾风险的大小一般受到研究对象系统各个层次与因素的影响,即影响火灾风险大小的往往都是多层次、多因素的,并且这些层次与因素随着时间的变化而变化,所以研究对象的火灾风险大小是一个动态变化的值。

（5）层次性原则。层次性是指指标体系自身的多重性。由于城市消防安全管理涵盖内容的多层次性,指标体系需从不同层次反映城市火灾风险的实际情况,且能准确反映指标间的支配关系。

（6）代表性原则。指标的选取要突出消防工作的重点和主要矛盾,突出约束性强的主要指标,集中反映保障城市公共消防安全的主要内容,做到"少而精"。

（7）可操作性原则。指标选取的计算量度和计算方法必须统一,同时要充分考虑各项指标的数据来源,优先选用相关部门已有的统计数据,以提高评估的可靠性和权威性。

（8）可比性原则。指标必须做到横向地区可比、纵向历史可比,以反映和判定不同条件下系统的运行状态。为提高通用性,尽可能做到国内、国外可比。为扩大可比性范围,应尽可能利用现有的统计指标。

（9）定性与定量相结合原则。在定性分析的基础上,进行量化处理,把复杂的、模糊的、不可量化的评估指标转化成可以度量和比较的指标。

3.2　动态消防安全风险评估指标体系框架

3.2.1　动态消防安全风险评估指标要素确定

确定动态消防安全风险评估一级指标是构建体育场馆动态消防安全风险评估指标体系的核心,也是建立二级指标和三级指标的前提。如何确定能准确合理反映动态消防安全风险的一级指标是动态消防安全风险评估指标体系建立的难点。为确定动态消防安全风险评估一级指标,需对已有的有关体育场馆火灾风险评估的文献进行整理、参考,如表 3.1 所示。

表 3.1　体育场馆消防安全风险评估文献及相关规范一级指标统计分析表

文献	一级指标					
体育场馆火灾风险评估研究[3]	建筑防火能力	建筑灭火能力	安全疏散能力	外部救援能力	—	安全管理能力
体育场馆火灾风险评估研究[4]	场馆固有火灾风险	火灾危险源	固定消防设施	移动消防力量	市政消防给水	消防安全管理
基于层次分析模糊识别的体育场馆消防安全风险评估体研究[5]	建筑防火性能	火灾危险源	—	消防保卫力量	—	内部消防管理

续表

文献	一级指标					
体育场馆的火灾风险评估应用研究[6]	场馆固有火灾风险	火灾危险源	固定消防设施	移动消防力量	市政消防给水	消防安全管理
城市大型公共建筑火灾风险因素影响程度及可能性分析[7]	建筑风险因素	—	设备设施风险因素	人员风险因素	灭火救援能力	组织管理风险因素
社会单位消防安全评估方法(北京)	建筑防火性能	—	消防设备设施			消防安全管理
火灾高危单位消防安全评估技术指南	单位建筑防火特征	—	消防设备设施	灭火救援力量	人员消防安全素养	消防安全管理

通过对比分析,表中文献和规范均选取场馆固有火灾风险、建筑防火性能等作为一级指标。场馆固有火灾风险反映建筑本身的火灾风险特性,如建筑结构、建筑规模、消防验收情况等是否符合设计规范。表中文献和规范均选取消防设备设施为一级指标,也有少量文献将其作为二、三级指标,体现了消防设备设施在体育场馆消防安全体系中的重要性。表中文献和规范的消防安全管理、组织管理风险因素等一级指标虽然命名不同,但其所涵盖的三级指标的内容基本相同。本章文献[8]和规范将人员消防安全素养、人员风险因素作为一级指标,部分将人员管理作为消防安全管理的二级指标,体现了人员管理在体育场馆消防安全风险评估体系中的重要性。

通过对已有的本章文献[3-8]的分析,可以得出,当前体育场馆火灾风险评估的一级指标可以分为两大类:一类是反映场馆固有风险性的指标,如上述的建筑防火能力、固定消防设施等,这类指标多为静态指标;另一类则是管理类指标,如上述的消防安全管理、组织管理风险因素、人员消防安全素养等,这类指标通常是动态变化的,属于动态指标。

在对已有文献进行分析的基础上,结合动态消防安全风险评估的相关性原理(即一个系统的火灾危险源和系统的火灾特征之间存在着因果关系),以及动态消防安全风险评估指标设计的系统性、代表性原则,确定固有安全性指标为动态消防安全风险评估的一级指标之一;又根据动态消防安全风险评估的惯性原理(即任何事物在其发展过程中都有动态延续性特征),以及动态消防安全风险评估指标设计的动态性、层次性、代表性原则,确定动态安全性指标为另一类一级指标。

1. 固有安全性指标

固有安全性指标是动态消防安全风险评估不可忽略的一部分。所谓固有安全性指标,指反映建筑本身的建筑特性、火灾风险特性,以及建筑消防安全管理中一些常规不变因素特性的指标,属于静态指标[9,10]。根据动态消防安全风险评估的相关性原理,建筑的固有安全性与建筑的消防安全风险有着直接或间接的联系,故可以选用建筑硬件固有安全性和建筑软件固有安全性作为一级指标。

1)建筑硬件固有安全性

建筑硬件固有安全性主要指建筑本身所具有的要素的特性以及其火灾风险性。其主要包括建筑所共有的建筑属性,如建筑规模、结构、高度等;也包括建筑的竣工验收情况,包括消防验收情况、施工验收情况等[11]。建筑硬件固有安全性作为建筑的基础属性,与建筑的消防安全水平具有直接的联系,这也是众多学者在进行消防安全风险评估指标选取时所考虑的重要指标之一,因此,将建筑硬件固有安全性作为固有安全性的一级指标之一。

2)建筑软件固有安全性

所谓"软件",指建筑使用过程中维持建筑正常使用的"非实体"因素,主要是建筑消防安全管理。在建筑消防安全管理中,一些因素是不断变化的,属于动态因素;一些因素在一段时间内是固定不变的,如消防安全法律法规、消防安全生产责任制、消防安全管理人员岗位等,可以将这些因素划分为静态指标,即建筑软件固有安全性指标。

2. 动态安全性指标

动态安全性指标主要涉及体育场馆消防安全管理工作。消防安全管理是体育场馆消防工作中的重要一环,而消防安全管理工作需要根据不同时期的天气、政策、管理者的决策等诸多因素而不断调整,因此消防安全管理是一个与时俱进、不断变化的工作,消防安全管理指标的具体数值也应该是动态变化的。消防安全管理工作有许多类别,其中具有动态性的主要有消防安全人员管理、消防设备设施管理、隐患管理等。

1）消防安全人员管理

人是消防安全管理工作的核心，一切消防安全管理工作都需要人来落实。消防安全人员的素质、工作落实情况、责任心等直接或间接地影响着体育场馆消防安全管理工作的质量，影响着体育场馆的消防安全水平。因此，对消防安全人员的管理是尤为重要的。消防安全人员管理包括对消防人员在岗情况的监督、对消防人员的定期培训和定期进行消防人员安全演练等。考虑到消防安全人员管理措施的落实情况与体育场馆消防安全水平的密切联系，将消防安全人员管理作为动态消防安全风险评估一级指标之一。

2）消防设备设施管理

消防设备设施一般包括消防主机、自动喷水灭火系统、消火栓灭火系统、防火门、防火卷帘、防排烟系统、消防水池水箱等，是建筑日常运行所必备的基础性设施，在火灾发生时对于初期灭火、控制火势和方便人员疏散具有重要作用。为保证消防设备设施的正常运行，需要定期对其进行维修保养，针对其正常使用进行严格的培训，并在其使用时进行监管，这就涉及对消防设备设施的管理。考虑到消防设备设施管理对于消防设备设施正常运行的决定性作用，将其作为动态消防安全风险评估一级指标之一[12,13]。

3）隐患管理

多数建筑物火灾都源于小小的消防安全隐患，在日常的消防安全巡查工作中，若是对消防安全隐患不及时上报或不及时进行隐患排查消除，则有可能酿成大火灾。反之，如果在日常的消防安全巡查工作中，仔细筛查建筑中存在的火灾隐患，严格进行隐患整改，则能从源头上有效地防止火灾的产生。因此，单位人员对于消防安全隐患的管理与体育场馆消防安全有着密切的联系，将隐患管理作为动态消防安全风险评估一级指标之一。

3.2.2　动态消防安全风险评估指标框架构建

基于动态消防安全风险评估原理和动态消防安全风险评估指标设计原则，结合前人对体育场馆火灾风险评估指标体系的研究，综合考虑消防物联网监测数据特征，得出由 5 项一级指标、16 项二级指标及若干三级指标构成的体育场馆动态消防安全风险评估指标框架，如图 3.3 所示。

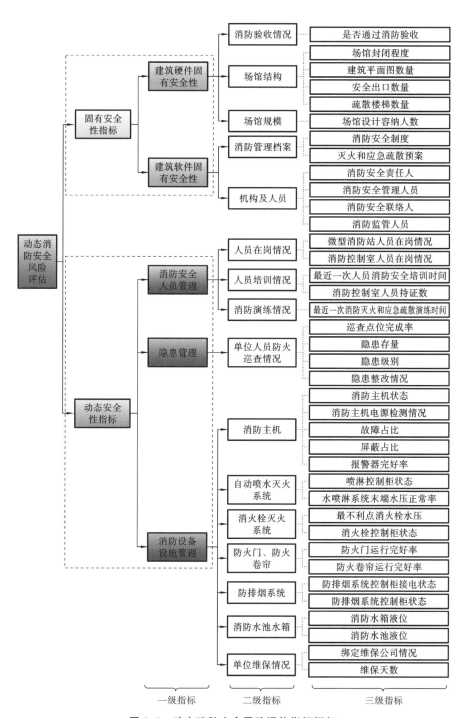

图 3.3 动态消防安全风险评估指标框架

3.3 动态消防安全风险指标定量设计

3.3.1 固有安全性指标设计与量化处理

1. 建筑硬件固有安全性一级指标下二、三级指标的选取与量化设计

建筑硬件固有安全性是影响体育场馆消防安全风险的一个非常重要的因素,其包括了消防验收情况、场馆结构、场馆规模等指标,这些指标都是体育场馆作为建筑所必有的基础性指标,它们直接影响到体育场馆的消防安全风险。这三类指标的基础数值在很长一段时间内都不会发生变化或几乎不变,因此将它们设为静态指标。对它们的量化设计较为简单和直观,一般只需要考虑是否配备以及根据单位基础数据进行指标量化。

1) 消防验收情况

消防验收工作是工程竣工验收必须要有的重要环节,能有效检查建筑单位的消防设施水平,有效筛查建筑单位的消防安全隐患,在一定程度上降低建筑火灾发生的概率。消防安全验收情况直接反映了建筑的固有安全性水准。建筑固有安全性从建筑内(耐火等级、疏散设施和消防设备设施配置等)和建筑外(防火间距、消防车道、救援场地等)两方面考量,其中耐火等级、消防设备设施配置、防火间距等是否满足设计规范或性能化设计是否合理,可以通过"是否通过消防验收"这一指标进行表达,分为是、否两个等级进行量化。

2) 场馆结构

场馆结构影响着体育场馆发生火灾时的火灾蔓延速度和烟气扩散速度。当建筑发生火灾时,烟气是造成人员中毒甚至死亡的重要因素之一,烟气扩散的快慢直接影响到体育场馆火灾发生时人员的生命安全和人员疏散速度。考虑到体育场馆封闭程度对火灾排烟影响较大,在一定程度上反映建筑固有安全性,故选取场馆封闭程度(分为露天、敞开、部分敞开、封闭)作为指标。另外建筑平面图数量、安全出口数量、疏散楼梯数量也是影响火灾发生时人员疏散速度的重要因素,因此选取这些因素作为三级指标并对其进行量化。

3）场馆规模

场馆规模直接影响着体育场馆火灾发生时的消防救援难易程度和人员疏散速度。理论上,场馆规模越大,容纳的人数越多,发生的火灾更容易扩大为大规模火灾,造成更多的人员伤亡,消防救援难度也更大。考虑场馆实际情况,场馆类建筑高度普遍较高,普通建筑火灾评估指标体系中的建筑高度不适用于场馆类建筑。根据不同场馆设计容纳人数的差异,对场馆规模指标进行危险等级划分。场馆容纳人数在一定程度上反映该场所的建筑规模和潜在固有风险,因此选取场馆设计容纳人数这一指标作为三级指标并对其进行量化。

综上,建筑硬件固有安全性指标的选取依据和量化如表 3.2 所示。

表 3.2　建筑硬件固有安全性指标选取依据和量化

一级指标	二级指标	三级指标	量化设计	依据
建筑硬件固有安全性	消防验收情况	是否通过消防验收	是否通过消防验收	《中华人民共和国消防法》(2021 年修订版):依法应当进行消防验收的建设工程,未经消防验收或消防验收不合格的,禁止投入使用
	场馆结构	场馆封闭程度	露天、敞开、部分敞开、封闭	《大型敞开式体育场疏散设计探讨》[14]:封闭式场馆在火灾发生时排烟散热效果不如敞开式场馆,火灾风险更大
		建筑平面图数量	有图的楼层数/总楼层数(%)	
		安全出口数量	安全出口数(个)	
		疏散楼梯数量	疏散楼梯数(个)	
	场馆规模	场馆设计容纳人数	场馆设计固定座位数(个)	《民用建筑设计统一标准》(GB 50352—2019)[15]:有固定座位等标明使用人数的建筑,应按标定人数为基数计算配套消防设施、疏散通道和楼梯及安全出口的宽度

2. 建筑软件固有安全性一级指标下二、三级指标的选取与量化处理

建筑软件固有安全性是体育场馆消防安全风险中另一个非常重要的因素,其主要涉及体育场馆消防安全管理方面的静态指标。消防安全管理作为体育场馆日常运作中不可缺少的环节,对于体育场馆的消防安全具有重要意义。消防安全管理工作的完善程度和是否严格执行是影响体育场馆消防安全风险的重要因素之一,因此需要对体育场馆的建筑软件固有安全性指标进行合理划分和量化。根据《人员密集场所消防安全管理》(GB/T 40248—2021),并结合现场调研,将消防管理档案和机构及人员作为建筑软件固有安全性的二级指标。建筑软件固有安全性指标的选取依据和量化详见表3.3。

表3.3 建筑软件固有安全性指标选取依据和量化

一级指标	二级指标	三级指标	量化设计	依据
建筑软件固有安全性	消防管理档案	消防安全制度	是否具有消防安全制度	《人员密集场所消防安全管理》(GB/T 40248—2021) 8.7 体育场馆、展览馆、博物馆的展览厅等场所: 举办活动时,应制定相应的消防应急预案,明确消防安全责任人,安排专人值守; 需要搭建临时建筑时,临时建筑应根据活动人数满足安全出口数量、宽度及疏散距离等安全疏散要求; 展厅等场所内的主要疏散通道应直通安全出口,其宽度不应小于5.0 m,其他疏散通道的宽度不应小于3.0 m。疏散通道的地面应设置明显标识
		灭火和应急疏散预案	是否具有灭火和应急疏散预案	
	机构及人员	消防安全责任人	是否具有消防安全责任人	
		消防安全管理人员	是否具有消防安全管理人员	
		消防安全联络人	是否具有消防安全联络人	
		消防监管人员	是否具有消防监管人员	

1)消防管理档案

消防管理档案是消防安全重点单位在消防安全管理工作中,直接形成的文字、图表等形态的纸质记录。建立健全的消防管理档案是消防安全重点单位消防管理工作的一项重要内容,是保障单位消防安全管理工作顺利开展以及各项消防安全措施顺利实施的基础性工作。消防管理档案一般包括消防安全制度、灭火和应急疏散预案,因此选取这两项作为三级指标,并以是否具备这两项作为量化标准。

2）机构及人员

体育场馆在运行时必须制定完备的消防安全管理责任制,配备相关的消防安全管理人员以进行日常的消防安全管理工作。在考虑消防安全管理机构及人员时,将消防安全责任人、消防安全管理人员、消防安全联络人和消防监管人员作为三级指标,并根据是否配备对其进行量化。

3.3.2　动态安全性指标设计与量化处理

除建筑物固有安全属性外,其他因素均作为动态扰动因素,包括:消防安全人员管理、消防设备设施管理和隐患管理三方面。其中,消防安全人员管理主要考虑人员在岗情况(系统打卡、视频监控)、人员培训情况(持证人数、安全培训记录)、消防演练情况(演练记录及时间计算);消防设备设施管理主要考虑消防主机,自动喷水灭火系统,消火栓灭火系统,防火门、防火卷帘,防排烟系统,消防水池水箱,单位维保情况;隐患管理主要考虑单位人员防火巡查情况,包括巡查点位完成率、隐患存量、隐患级别、隐患整改情况。

1. 消防安全人员管理一级指标下二、三级指标的选取与量化处理

场馆防火与消防安全人员管理有着密切的联系,将消防安全人员管理划分为人员在岗情况、人员培训情况、消防演练情况 3 项二级指标。

人员在岗情况依据《消防安全重点单位微型消防站建设标准(试行)》《人员密集场所消防安全管理》规定,按照指标选取原则,选取微型消防站人员录入人数和消防控制室人员在岗人数为具体可量化的评估指标,通过智能视频监控实时反馈在岗人数。

人员培训情况考虑最近一次人员消防安全培训时间和消防控制室人员持证数,通过上传安全培训记录、持证人数实现量化。

消防演练情况主要分析最近一次消防灭火和应急疏散演练时间,通过上传

演练记录及时间,计算并反馈消防演练天数,再根据是否至少每半年进行一次演练来量化。

综上,消防安全人员管理的指标选取依据和量化详见表3.4。

表3.4　消防安全人员管理的指标选取依据和量化

一级指标	二级指标	三级指标	量化设计	依据
消防安全人员管理	人员在岗情况	微型消防站人员在岗情况	微型消防站人员录入人数(人)	《消防安全重点单位微型消防站建设标准(试行)》[16]:微型消防站人员配备不少于6人
		消防控制室人员在岗情况	消防控制室人员在岗人数(人)	《建筑消防设施的维护管理》(GB 25201—2010):实行每日24 h值班制度,每班工作时间应不大于8 h,每班人员应不少于2人
	人员培训情况	最近一次人员消防安全培训时间	输入最近一次人员消防安全培训时间(天)	《机关、团体、企业、事业单位消防安全管理规定》:公众聚集场所对员工的消防安全培训应当至少每半年进行一次
		消防控制室人员持证数	消防控制室所有人员持证人数(人)	《消防控制室通用技术要求》(GB 25506—2010):值班人员应持有消防控制室操作职业资格证书
	消防演练情况	最近一次消防灭火和应急疏散演练时间	输入最近一次消防灭火和应急疏散演练时间(天)	《机关、团体、企业、事业单位消防安全管理规定》:消防安全重点单位应当按照灭火和应急疏散预案,至少每半年进行一次演练,并结合实际,不断完善预案

2. 消防设备设施管理一级指标下二、三级指标的选取与量化处理

参考《建筑设计防火规范》(GB 50016—2014)第八章"消防设施的设置":本

章规定了建筑设置消防给水、灭火、火灾自动报警、防烟与排烟系统和配置灭火器的基本范围。通过实地调研,设备设施管理一般从疏散设施、灭火设施以及防火设施等方面考虑,与物联网消防远程监控系统结合,将消防主机也作为二级指标。因此,将消防主机、自动喷水灭火系统、消火栓灭火系统、防火门/防火卷帘、防排烟系统、消防水池水箱和单位维保情况作为消防设备设施管理的二级指标。

以水喷淋系统末端水压正常率为例说明该指标设计和量化过程。对于水喷淋系统末端水压,首先通过水压传感器进行水压数据采集,采用有线或无线传输云端服务器进行数据处理,即实时反馈末端水压大小,判断其是否低于 0.05 MPa,计算"末端水压正常数/总数",据此设计了三级指标"水喷淋系统末端水压正常率"。

综上,消防设备设施管理的指标选取依据和量化详见表 3.5。

表 3.5　消防设备设施管理的指标选取依据和量化

一级指标	二级指标	三级指标	量化设计	依据
消防设备设施管理	消防主机	消防主机状态	消防主机是否处于正常状态	《建筑消防设施的维护管理》(GB 25201—2010):建筑消防设施投入使用后,应处于正常工作状态
		消防主机电源检测情况	消防主机电源检测状态情况	《火灾自动报警系统设计规范》(GB 50116—2013):火灾自动报警系统应设置交流电源和蓄电池备用电源
		故障占比	故障点位数/在线点位数(%)	《体育场馆火灾风险评估研究》[4]:将消防设施完好率分为 5 个区间:≥95%、90%～95%、80%～90%、70%～80%、≤70%
		屏蔽占比	屏蔽点位数/在线点位数(%)	
		报警器完好率	火灾报警器正常个数/在线点位数(%)	

续表

一级指标	二级指标	三级指标	量化设计	依据
消防设施设施管理	自动喷水灭火系统	喷淋控制柜状态	控制柜处于自动、手动、接电状态	《消防给水及消火栓系统技术规范》(GB 50974—2014):消防水泵控制柜在平时应使消防水泵处于自动启泵状态。消防水泵控制柜应有消防水泵工作状态和故障状态的输出端子
		水喷淋系统末端水压正常率	末端水压正常数/总数(%)	
	消火栓灭火系统	最不利点消火栓水压	屋顶试验消火栓水压值(MPa)	《自动喷水灭火系统 第1部分:洒水喷头》:湿式系统最不利处喷头工作压力不低于0.05 MPa
		消火栓控制柜状态	控制柜处于自动、手动、接电状态	《消防给水及消火栓系统技术规范》(GB 50974—2014):消防水泵控制柜在平时应使消防水泵处于自动启泵状态。消防水泵控制柜应有消防水泵工作状态和故障状态的输出端子
	防火门、防火卷帘	防火门运行完好率	防火门正常数/总数(%)	《体育场馆火灾风险评估研究》[4]:将消防设施完好率分为5个区间:≥95%、90%～95%、80%～90%、70%～80%、≤70%
		防火卷帘运行完好率	防火卷帘正常数/总数(%)	
	防排烟系统	防排烟系统控制柜接电状态	防排烟控制柜通电状态情况	《人员密集场所消防安全管理》(GB/T 40248—2021):确保防排烟风机等消防用电设备的配电柜、控制柜开关处于接通和自动位置
		防排烟系统控制柜状态	防排烟控制柜处于自动、手动、接电状态	

续表

一级指标	二级指标	三级指标	量化设计	依据
消防设备设施管理	消防水池水箱	消防水池液位消防水箱液位	低于正常液位(mm)	《消防给水及消火栓系统技术规范》(GB 50974—2014):消防水池最低水位低于正常水位 50～100 mm 时,应向消防控制室报警
	单位维保情况	绑定维保公司情况	单位是否绑定维保公司	《中华人民共和国消防法》(2021 年修订版):对建筑消防设施每年至少进行一次全面检测,确保完好有效,检测记录应当完整准确,存档备查
		维保天数	维保天数(天)	

3. 隐患管理一级指标下二、三级指标的选取与量化处理

单位人员防火巡查情况与场馆防火有着密切的联系,故选取单位人员防火巡查情况为二级指标。依据相关法律法规主要考虑巡查点位完成率、隐患存量、隐患级别、隐患整改情况作为三级指标。如"隐患整改情况"通过逾期未整改的隐患个数进行量化,隐患管理的指标选取依据和量化详见表 3.6。

表 3.6　隐患管理的指标选取依据和量化

一级指标	二级指标	三级指标	量化设计	依据
隐患管理	单位人员防火巡查情况	巡查点位完成率	巡查完成点位数/巡查计划点位数(%)	《机关、团体、企业、事业单位消防安全管理规定》:消防安全重点单位应当进行每日防火巡查,并确定巡查的人员、内容、部位和频次
		隐患存量	未整改的隐患数量占所有隐患的比例(%)	《人员密集场所消防安全管理》(GB/T 40248—2021)
		隐患级别	巡查任务隐患分级	7.7 火灾隐患整改:人员密集场所应建立火灾隐患整改制度,明确火灾隐患整改责任部门和责任人。发现火灾隐患,应立即改正;不能立即改正的,应报告上级主管人员
		隐患整改情况	逾期未整改的隐患个数(个)	

3.4 动态消防安全风险指标阈值研究

为实现评估结果量化,需对第三层级指标的消防安全隐患进行分级与量化,明确具体指标的得分情况。风险指标等级划分是进行风险评估的重要工作,合理确定风险指标等级是科学评估的前提。

风险指标等级的划分原则:

(1)根据研究文献分析划分;

(2)根据标准规范进行划分;

(3)根据云模型进行区间划分。

理论上划分的区间越多,则分类结果越准确,但划分区间过多,会导致评估模型的计算量增加。综合考虑,用 1~5 个等级表示各具体指标的相关状态。

3.4.1 定性指标阈值确定

1. 定性指标概念

定性指标指不能直接量化而需要通过其他途径实现量化的评估指标,它反映的是对象的某些性质和属性。在建筑消防安全风险评估领域,定性指标多为描述建筑本身属性的指标,如消防验收情况、建筑结构等,很难对这类指标进行直接的量化,只能对其性质和属性进行大致的、模糊的形容。

2. 定性指标阈值确定的难点

定性指标阈值确定的难点在于如何对难以定量分析的风险进行量化处理,运用何种方法将风险等级合理地用数值量化出来。常用的方法是参考相关标准并结合专家评价打分,综合得出合适的风险等级量化标准,或是通过层次分析法、模糊综合评价法等构造判断矩阵进行量化。这些量化方法不可避免地具有主观性强的特点。由于定性指标的风险等级是确定的几个等级,根据风险等级进行量化的数值也多为离散型的数值或一个模糊的区间。

3. 定性指标阈值确定

对于定性指标,如消防验收情况、建筑结构等,选择参考相关标准和文献及咨询专家,进行区间划分。收集的相关标准和文献如表 3.7 所示。

表 3.7　相关标准和文献的场所消防安全三级指标分级对比

标准/文献	三级指标分级	三级指标量化
社会单位消防安全评估方法(北京)	(1) 分四个等级; (2) 每个单项根据单位实际情况与单项指标的相符程度以 A、B、C、D 标示,分别代表符合、基本符合、基本不符合、不符合	(1) A、B、C、D 对应分值为 0.2、0.15、0.10、0; (2) 具体单项的 A、B、C、D 等级如何判断依赖于专家评估,如:对于"防火墙"这个二级指标列出多个三级单项指标及要求,每个单项具体评级则未给出参照依据
山东省火灾高危单位消防安全评估规程	(1) 将所有指标分为"关键项"和"一般项"; (2) 对每项指标又分为"不符合"和"有缺陷"两个级别	如"消防安全责任人和管理人、消防工作领导机构"属于关键项,规定:单位的消防安全状况不能满足评估标准具体条款的要求为"不符合";单位的消防安全状况偏离评估标准具体条款的要求、影响单位的消防安全为"有缺陷"。具体何为"不符合",何为"有缺陷",依然存在主观性
基于聚类分析和 AHP 的商场类建筑火灾风险评估[16]	三级指标按危险程度分五个等级:极低度火险、低度火险、中度火险、高度火险、极高度火险	(1) 五个等级从低到高对应的分值为:[9,10]、[7,9)、[6,7)、[5,6)、[0,5); (2) 具体对象的指标分值由专家打分确定
大型机场航站楼火灾风险评估方法研究[17]	(1) 仅有两个指标层级; (2) 对二级指标按安全程度分五个等级:非常安全、比较安全、安全、比较危险、非常危险	(1) 具体对象的指标等级依赖于专家选择; (2) 五位专家选择相关指标的等级后,再将等级转化为隶属度进行模糊矩阵计算
既有高层住宅建筑火灾风险评估及应用[18]	(1) 分五个等级; (2) 按照指标的火灾风险大小分为 1、2、3、4、5 级	(1) 五个等级风险从低到高对应的分值为 [90,100]、[80,90)、[70,80)、[60,70)、[0,60); (2) 具体对象的指标值有一定的分级依据,如:室内消火栓系统符合规范要求且有效对应第 1~2 级,符合规范要求但部分失效对应第 3~4 级,不符合规范要求对应第 5 级

由表 3.7 对比分析可知,对具体消防安全隐患的分级往往根据该隐患可能存在的危险程度或风险程度进行划分,一般分为四至五个等级;消防安全隐患涉及的内容极为广泛,对具体隐患的量化依赖于专家打分或依赖于该隐患符合规范要求的程度而定。

因此,建立的动态消防安全风险评估指标体系中,风险等级一般划分为四级或五级,火灾风险值采用百分制,邀请专家,对比分析现有分级标准,将体育场馆消防安全风险评估细项等级设定为五个等级,分别为极低风险、低风险、中等风险、高风险和极高风险,如表 3.8 所示。

表 3.8 消防安全风险评估细项危险程度分级

名称	量化范围	安全可靠性
极低风险	90~100 分	高
低风险	80~90 分	较高
中等风险	70~80 分	较低
高风险	60~70 分	低
极高风险	60 分以下	极低

最后,结合已有文献对于定性指标的划分标准和专家建议,得出体育场馆动态消防安全风险评估定性指标的定量设计及阈值区间,如表 3.9 所示。

表 3.9 定性指标的定量设计及阈值区间

一级指标	二级指标	三级指标	指标量化	一级 [90,100)	二级 [80,90)	三级 [70,80)	四级 [60,70)	五级 [60,0)
建筑硬件固有安全性	消防验收情况	是否通过消防验收	是否通过消防验收	是	—	—	否	—
	场馆结构	场馆封闭程度	露天、敞开、部分敞开、封闭	露天	敞开	部分敞开	封闭	—
		安全出口数量	/	有				无
		疏散楼梯数量	/	有				无

续表

一级指标	二级指标	三级指标	指标量化	一级[90,100)	二级[80,90)	三级[70,80)	四级[60,70)	五级[60,0)
建筑软件固有安全性	消防管理档案	消防安全制度	是否具有消防安全制度	有				无
		灭火和应急疏散预案	是否具有灭火和应急疏散预案	有				无
	机构及人员	消防安全责任人	是否具有消防安全责任人	有				无
		消防安全管理人员	是否具有消防安全管理人员	有				无
		消防安全联络人	是否具有消防安全联络人	有				无
		消防监管人员	是否具有消防监管人员	有				无
消防设备设施管理	消防主机	消防主机状态	消防主机是否处于正常状态	正常	—	无数据	离线时长(≤24 h)	离线时长(>24 h)
		消防主机电源检测情况	消防主机电源检测状态情况	主、备用电源信号均检测到	—	主、备用电源信号检测到一个	—	主、备用电源信号均未检测到
	自动喷水灭火系统	喷淋控制柜状态	控制柜处于自动、手动、接电状态	自动	手动	设备离线	—	未接电
	消火栓灭火系统	消火栓控制柜状态	控制柜处于自动、手动、接电状态	自动	手动	设备离线	—	未接电

续表

一级 指标	二级 指标	三级 指标	指标 量化	一级 [90,100)	二级 [80,90)	三级 [70,80)	四级 [60,70)	五级 [60,0)
消防设备设施管理	防排烟系统	防排烟系统控制柜接电状态	防排烟控制柜通电状态情况	通电	—	无数据	未接电	—
		防排烟系统控制柜状态	防排烟控制柜自动、手动、接电状态	自动	手动	设备离线	—	未接电
隐患管理	单位人员防火巡查情况	隐患级别	巡查任务隐患分级	三级		二级		一级

3.4.2 定量指标阈值确定

1. 定量指标概念

定量指标指可以用准确数量定义、精确衡量的指标,它可以精确地界定对象的某些属性所具有的数值。在建筑消防安全风险评估领域,定量指标通常为"占比""数量""规模"这类以具体数值衡量的指标,而非"情况""状态"这类定性指标。如微型消防站人员在岗情况、消防控制室人员在岗情况、消防主机故障占比等指标都属于定量指标。定量指标最终的量化结果为详细的数值区间,具有连续性特点。

2. 定量指标阈值确定的难点

定量指标阈值确定的难点之一在于依赖专家打分或其他模糊评价方法得出指标数值工作量大、效率低,且得出的结果主观性较强,准确性低;另一难点是难以选择合适的方法对定量指标进行客观准确的量化,从而既能避免常规风险评估中的不确定性问题,又能高效准确地得出具有连续区间的阈值结果。

针对定量指标阈值确定的难点问题,采用云模型方法进行指标的量化处理。

云模型[19-21]是将概率论与传统的模糊数学理论相结合,实现定性语言与定量数据相互转换的数学模型。该模型可以有效克服常规风险评估中的不确定性问题,用 E_x、E_n、H_e 分别表示云模型 $C(E_x, E_n, H_e)$ 的期望、熵和超熵。有

$$\begin{cases} E_x = \bar{x} = \dfrac{1}{n} \sum_{i=1}^{n} x_i \\[2mm] E_n = \sqrt{\dfrac{\pi}{2}} \dfrac{1}{n} \sum_{i=1}^{n} |x_i - \bar{x}| \\[2mm] H_e = \sqrt{S^2 - E_n^2} \end{cases} \tag{3-1}$$

$$S^2 = \frac{1}{n-1} \sum_{i=1}^{n} (x_i - \bar{x})^2 \tag{3-2}$$

云模型中基于云的数字特征,可以形成成千上万的云滴,每个云滴都是定性概念在量域上的映射,构成整个云图。对于粗糙集 $S = \{U, A, V, f\}$,利用改进峰值云换算法,生成连续属性 $C_k (C_k \in C)$ 的初始云模型划分,再把划分好的距离最近的云模型进行合并。假设论域 U 上的基本云模型为 $A_1(E_{x1}, E_{n1}, H_{e1})$ 和 $A_2 = (E_{x2}, E_{n2}, H_{e2})$,距离为 d,可得到 A_1 和 A_2 合并的云模型为 $A_3 = (E_{x3}, E_{n3}, H_{e3})$。有

$$d(A_1, A_2) = \frac{|E_{x1} - E_{x2}|}{E_{n1} + E_{n2}} \tag{3-3}$$

$$A_3 = A_1 \bigcup A_2 = \frac{E_{x1} + E_{x2}}{2} + \frac{E_{n1} + E_{n2}}{4} \tag{3-4}$$

$$E_{n3} = \frac{E_{x2} - E_{x1}}{4} + \frac{E_{n1} + E_{n2}}{4} \tag{3-5}$$

$$H_{e3} = \max\{H_{e1}, H_{e2}\} \tag{3-6}$$

云模型的合并必须考虑决策表的改变程度,μ_u 和 μ'_u 表示 A_1 和 A_2 合并前后属性 C_k 对于决策属性分类的不确定性。属性 C_k 对于粗糙集 S 的不确定性可表示为

$$\mu_u(S/C_k) = 1 - \sum_{U}^{|F_i|} \frac{|F_i|}{|U|} \mu C_k(F_i); \quad i = 1, 2, \cdots, v \tag{3-7}$$

式中:v——条件属性 C_k 决定的分类数量;

$|F_i|$——分类 $F_i \in \{U | \mathrm{IND}(C_k)\}$ 中实例的数量;

$\mu C_k(F_i) = \max\{|F_i \bigcap Y_j| / F_i\}$——分类 F_i 对于决策属性分类的确定程度;

$Y_j \in \{U | \mathrm{IND}(D)\}$——$U$ 上决策属性 D 决定的分类;

$|F_i \bigcap Y_j|$——$F_i \bigcap Y_j$ 中实例的数量。

3. 定量指标阈值确定

对于定量指标,如微型消防站人员在岗情况、消防控制室人员在岗情况、故障占比、屏蔽占比等指标,通过云模型进行区间划分,以减少人为划分的主观性。

以故障占比为例说明云模型区间划分和实现属性离散化的步骤。运用MATLAB软件,采用逆向云发生器算出云模型的期望、熵和超熵,得到如图3.4所示的4个云图,将故障占比的收敛值划分为5个区段,分别为[0,5)、[5,10)、[10,15)、[15,20)和[20,100),以此对应5种状态。因此,针对故障占比,最终的阈值区间划分结果为[0,5)、[5,10)、[10,15)、[15,20)和[20,100)。

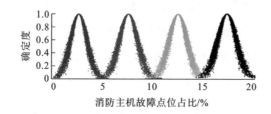

图3.4　消防主机故障点位占比的云模型阈值划分

同理对其他定量指标进行划分,最终得出定量指标设计量化及阈值区间。以消防设备设施中消防主机故障占比指标为例展示阈值设计。通过实时监测获取消防主机上的故障点位数和在线点位数,设计可量化指标故障占比:故障占比为0%～5%,则为一级[90,100),属于极低风险;故障占比为5%～10%,则为二级[80,90),属于低风险,详情如表3.10所示。

表3.10　定量指标设计量化及阈值区间

一级指标	二级指标	三级指标	指标量化	一级[90,100)	二级[80,90)	三级[70,80)	四级[60,70)	五级[60,0)
建筑硬件固有安全性	场馆规模	场馆设计容纳人数	场馆设计固定座位数(个)	<3000	[3000,5000)	[5000,10000)	[10000,50000)	≥50000
	场馆结构	建筑平面图数量	有图的楼层数/总楼层数(%)	[90,100]	[75,90)	[60,75)	[40,60)	[0,40)

一级指标	二级指标	三级指标	指标量化	一级 [90,100)	二级 [80,90)	三级 [70,80)	四级 [60,70)	五级 [60,0)
消防安全人员管理	人员在岗情况	微型消防站人员在岗情况	物联网实时反馈是否合格	≥6	5	4	3	≤2
		消防控制室人员在岗情况		100%	—	—	<100%	—
	人员培训情况	消防控制室人员持证数	消防控制室所有人员持证人数（人）	≥2	—	1	—	0
	消防演练情况	最近一次消防灭火和应急疏散演练时间	输入最近一次灭火和应急疏散演练时间（天）	≤180	—	—	>365	—
消防设备设施管理	消防主机	故障占比	故障点位数/在线点位数（%）	[0,5)	[5,10)	[10,15)	[15,20)	[20,100]
		屏蔽占比	屏蔽点位数/在线点位数（%）	[0,5)	[5,10)	[10,15)	[15,20)	[20,100]
		报警器完好率	火灾报警器正常个数/在线点位数（%）	[95,100]	[90,95)	[85,90)	[80,85)	[0,80)
	自动喷水灭火系统	水喷淋系统末端水压正常率	末端水压正常数/总数（%）	[95,100]	[90,95)	[85,90)	[80,85)	[0,80)
	消火栓灭火系统	最不利点消火栓水压	屋顶试验消火栓水压值（MPa）	≥0.05			<0.05	

一级指标	二级指标	三级指标	指标量化	一级 [90,100)	二级 [80,90)	三级 [70,80)	四级 [60,70)	五级 [60,0)
设施设备管理	防火门、防火卷帘	防火门运行完好率	防火门正常数/总数(%)	[95,100]	[90,95)	[85,90)	[80,85)	[0,80)
		防火卷帘运行完好率	防火卷帘正常数/总数(%)	[95,100]	[90,95)	[85,90)	[80,85)	[0,80)
	消防水池水箱	消防水箱液位	低于正常液位(mm)	[0,50)	[50,100]	>100		
		消防水池液位	低于正常液位(mm)	[0,50)	[50,100]	>100		
	单位维保情况	绑定维保公司情况	单位是否绑定维保公司	是			否	
		维保天数	最近维保时间距今天数(天)	≤365		>365		
隐患管理	单位人员防火巡查情况	巡查点位完成率	巡查完成点位数/巡查计划点位数(%)	100	[95,100)	[90,95)	[80,90)	<80
		隐患存量	未整改的隐患数量占所有隐患的比例(%)	0	(0,10)	[10,20)		[20,100]
		隐患整改情况	逾期未整改的隐患个数(个)	0	1	2	3	≥4

3.5 本章小结

本章针对当前体育场馆多采用静态评估，其评估结果在很长一段时间内不变的问题，提出动态消防安全风险评估的内涵和层级，并创新性地结合消防物联网监测数据特征，定量设计了全面的动态消防安全风险评估指标体系，确定了指标阈值。

动态消防安全风险评估包括三个层级：第一层级是基础数据的动态评估，该评估通过物联网、视频监控等技术获取基础监测数据；第二层级是指标在阈值区间的动态评估，根据基础数据特征，设计可量化的动态消防安全风险评估指标，明确其阈值区间；第三层级是各指标在阈值区间变化引起综合风险变化的动态评估，对所有动态指标的变化进行综合考量，采用科学算法实现综合风险的实时评估。

本章对动态消防安全风险评估中的静态指标和动态指标进行了划分，将静态指标定义为建筑固有安全性指标，将动态指标定义为除固有安全性指标之外的所有扰动因素的指标。对于这些扰动因素，本章创新性地关注了物联网监测数据的变化特征，并对其中的动态因素进行了全面的考量和合理的量化设计，建立了较为全面的动态消防安全风险评估指标体系。针对动态数据难以进行量化处理的问题，本章创新性地综合利用云模型及相关标准和文献确定指标阈值区间，对第三层级指标的消防安全隐患进行分级与量化，确定具体指标的得分情况，明确了所有指标的阈值区间。

本章参考文献

[1] 徐志胜，姜学鹏.安全系统工程[M].北京:机械工业出版社,2016:138-143.

[2] SAJID Z,YANG Y,YOU P,et al. An explorative methodology to assess the risk of fire and human fatalities in a subway station using fire dynamics simulator (FDS)[J]. Fire-Switzerland,2022,5(3):69.

［3］邵晓曙,顾君. 体育场馆火灾风险评估研究［J］.武警学院学报,2013,29
　　(2):49-51,54.

［4］李梅玲,路世昌. 体育场馆火灾风险评估研究［J］.消防技术与产品信息,
　　2011(6): 6-9.

［5］彭华,刘文利,王婉娣. 基于层次分析模糊识别的体育场馆消防安全风险评
　　估体研究［C］//中国灾害防御协会风险分析专委会第 3 届年会论文集,
　　2008:543-549.

［6］姜峰. 体育场馆的火灾风险评估应用研究［J］.廊坊师范学院学报(自然科
　　学版),2014,14(6):95-97.

［7］张无敌,陈一洲,李琪,等. 城市大型公共建筑火灾风险因素影响程度及可
　　能性分析［J］.安全与环境学报,2021,21(4):1434-1439.

［8］吉慧. 公共安全视角下的体育场馆设计研究［D］.广州:华南理工大
　　学,2013.

［9］ AMYOTTE P R, GORAYA A U, HENDERSHOT D C, et al.
　　Incorporation of inherent safety principles in process safety management
　　［J］. Process Safety Progress, 2007, 26(4): 333-346.

［10］ATHAR M, SHARIFF A M, BUANG A, et al. Equipment-based route
　　index of inherent safety［J］. Process Safety Progress, 2019, 39.

［11］LEONG C T, SHARIFF A M. Inherent safety index module (ISIM) to
　　assess inherent safety level during preliminary design stage［J］. Process
　　Safety and Environmental Protection, 2008, 86(B2): 113-119.

［12］FARGNOLI M, LLESHAJ A, LOMBARDI M, et al. A BIM-based PSS
　　approach for the management of maintenance operations of building
　　equipment［J］. Buildings, 2019, 9(6):139.

［13］WANG T K, PIAO Y. Development of BIM-AR-based facility risk
　　assessment and maintenance system［J］. Journal of Performance of
　　Constructed Facilities, 2019, 33(6).

［14］阮文.大型敞开式体育场疏散设计探讨［J］.消防科学与技术,2014,33(1):
　　54-56.

［15］顾均,朱茜,杜志杰,等.民用建筑设计统一标准:GB 50352—2019［J］.建

设科技,2021(13):52-56.

[16] 方正,陈娟娟,谢涛,等.基于聚类分析和 AHP 的商场类建筑火灾风险评估[J].东北大学学报(自然科学版),2015,36(3):442-447.

[17] 彭华.大型机场航站楼火灾风险评估方法研究[J].建筑科学,2016:108-113.

[18] 杨君涛,何其泽.既有高层住宅建筑火灾风险评估及应用[J].武汉理工大学学报(信息与管理工程版),2017,39(2):153-157.

[19] 黄琼桃,刘瑞敏.一种云模型相似性度量方法[J].控制工程,2022,29(9):1600-1604.

[20] 刘俊杰,张瑞瑞,叶英豪,等.基于云模型的航空器地面滑行错误事件风险分析[J].中国民航飞行学院学报,2022,33(5):51-56.

[21] CHEN L Q, TANG J R, BIAN X H, et al. Condition assessment of distribution automation remote terminal units based on double-layer improved cloud model[J]. Energy Reports,2022,8(S8):408-425.

[22] 薛勇,黄益良,张华云.大型商业综合体微型消防站建设标准研究[C]//2019 中国消防协会科学技术年会论文集.北京:中国科学技术出版社,2019:228-230.

第4章
动态消防安全风险评估指标优化

在动态消防安全风险评估指标全量化设计及其阈值研究的基础上,本章考虑到消防物联网产生的海量数据带来的信息冗余和关键信息弱化等问题,建立基于随机森林的特征选择方法,实现动态消防安全风险评估指标优化。

4.1 消防物联网大数据时代的动态指标信息处理问题

4.1.1 监测指标全面性导致的信息弱化问题

1. 信息弱化问题的主要表现

(1)当前一些研究在进行消防安全风险评估指标选取时,过度追求指标体系的全面性或指标的创新性,不断提出新的指标,从而使指标数量增加、类型增多,但评估指标体系中普遍存在着指标间的交叉重叠问题,同时也会导致评估效率低下。

(2)每一个数据都可能给结果造成一定的误差,各种设备的误报会对评估的结果与预警的生成产生较大影响,而且实时消防物联网监测将产生量级巨大的数据信息。如何在这些消防大数据中筛选有用的关键信息,正是智慧消防发展进程中必须解决的关键问题。

2. 针对信息弱化问题所采取的应对策略

针对关键信息弱化问题,选择评估指标时需要遵循一定的原则。从技术角度看,主要归纳为完备性原则、针对性原则、主成分性原则和独立性原则。筛选指标时,对这四项原则既要综合考虑,又要区别对待。一方面要综合考虑评估指标体系的完备性、针对性、主成分性和独立性,不能仅由某一原则决定指标的取舍;另一方面由于这四项原则各具特殊性,以及目前对指标认识存在差异,对各项原则的衡量精度、研究方法不可强求一致。

评估指标体系的完备性包括两层含义:一是所选择的指标应尽量全面地反映场馆复合系统发展的各个方面及其变化;二是根据评估的目的、评估的精度来决定评估指标体系的完备性。评估指标的针对性受认识水平的限制,目前还难以科学地定量衡量,多依赖于评估者对体育场馆消防安全风险状况的理解程度。而评估指标的主成分性和独立性则可采取一定的数学方法定量研究,因此不必与针对性评估采取同样的方法和同样的精度。

4.1.2　指标设计主观性导致的信息失真问题

由于当前缺乏科学合理的指标筛选和优化方法,多数依靠专家的经验选取评估指标,或参考相关的消防统计数据,因此,指标体系存在很强的主观性,指标体系的主观性则影响了评估结果的科学性和准确性。一些学者也意识到了这个问题,希望运用合适的机器学习算法对指标进行筛选和优化,以解决监测信息过量与失真问题,由此进行了相关的探索。

史一通[1]通过层次分析法计算评估结果,并构建基于 BP 神经网络的区域火灾安全风险评估验证模型,在此基础上构建基于 BP 神经网络的城市区域火灾风险预测模型;段美栋等人[2]采用模糊网络分析法和 BP 神经网络对高层建筑火灾风险进行评估;Lau 等人[3]通过层次分析法确定单个指标权重,评估每栋建筑的火灾风险并确定其风险等级,采用支持向量机模型对结果进行验证;Wei 等人[4]提出了一种基于模糊数学和支持向量机的火灾快速评估方法,采用模糊综合评估法确定指标值以及火灾风险评估的样本数据,将经过样本数据训练的支持向量机消防安全风险评估模型,用于体育场馆消防安全风险评估,并验证评估方法的可行性;Tang 等人[5]采用支持向量机算法,通过遗传算法计算支持向量机的参数,对基于支持向量机的森林火灾敏感性进行了评估;贾晗曦等人[6]基于随机森林模型对地震后火灾损失进行评估,得出了各因素的重要度排序;侯晓静等人[7]运用随机森林模型对城镇森林交界区域火灾风险进行分析,得出影响森林火灾风险的重要因子排序;田睿等人[8]根据随机森林模型可以较好地处理缺失数据等特点,将其用于岩爆评价指标重要性分析。周德红等人[9-11]运用随机森林构建 LNG 场站泄漏风险评估指标体系,建立针对 LNG 场站的泄漏风险评估模型,并对随机森林、支持向量机和神经网络三种分类模型进行处理,通过比较三种机器学习算法的分类准确率,得出随机森林模型受到参数影响效果较小的结论。

以上研究结果表明随机森林模型相比其他机器学习模型具有更强的鲁棒性,受其自身参数的影响较小,具有较好的泛化能力,无须进行特殊的参数设置,就能获得准确的预测结果,更适合于实际应用。

4.2　随机森林算法在消防大数据特征选择中的适用性

随机森林算法是一种集成机器学习算法,其基本思想是针对若干个弱分类器的分类结果进行投票选择,组成一个强分类器,经过多棵决策树共同确定分类结果,从而缩小单一分类器错误的影响,提高分类准确率和稳定性[12]。

随机森林算法具有以下优点:设置的参数少,实现过程较简单;不用担心过拟合现象;适用于数据中存在大量未知特征的情况;可以确定指标重要度;即使数据中存在大量的噪声,也可以获得理想的预测效果;适用于数据量较少且指标较多的情况;分类精度、分级结果均比支持向量机等其他算法更好[13]。

随机森林算法作为新型机器学习算法,当需要筛选的因子样本空间较大时,在特征因子筛选方面具有显著优势。随机森林算法在多变量大数据处理上具有优越性能,与复杂大数据条件下体育场馆动态消防安全风险评估指标的优化具有契合性,理论上可用于体育场馆消防安全风险评估[14,15]。随机森林模型拥有指标重要性评估功能,便于分析各评价指标对体育场馆消防安全风险的贡献度。

4.2.1　随机森林模型的基本结构

随机森林模型由一定数量的决策树组成。决策树具有树形结构,是一种典型的分类器,其基本原理是基于历史样本数据构建模型,实现对新数据的分类。

1. 决策树结构

决策树由根节点、叶子节点和中间节点构成。决策树最上层的节点为根节点,根节点只有一个,包含样本全集。中间节点一般也称为决策节点,用于对特征属性的测试。中间节点最下方为叶子节点,每个叶子节点表示一种分类结果。决策树结构如图 4.1 所示,其中最上层是根节点,最下层是叶子节点。分类任务是将类 A 和类 B 这两类数据分离,经过两个分类规则后得到的 3 个叶子节点中两类指标已基本分开[16]。

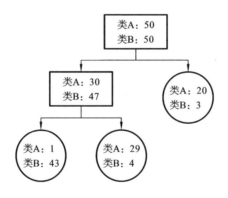

图 4.1　决策树结构图

下面以体育场馆消防安全风险评估为例介绍决策树的分类过程。首先由根节点开始,将某个体育场馆数据按某一指标进行测试,根据测试结构将该场馆分配到其子节点,因此该指标可能沿着某一分支到达叶子节点,得到其火灾风险的分类结果,也有可能仅到达一个中间节点,此时需进一步采用新的分类条件运行下去,直到指标都抵达叶子节点,这时即可得到该场馆的火灾风险分类结果,确定其火灾风险等级[17]。

假定本文火灾风险等级分为高、中、低三个级别,则确定某体育场馆的火灾风险等级就是一个分类问题。假设构建了一个由不同体育场馆的指标数据和火灾风险值构成的火灾风险数据集,其中包括消防应急演练情况、消防主机故障点位占比、火灾报警控制器完好率等指标及对应的风险值,那么,某个体育场馆这些指标数据的组合就对应一个风险等级。因此,对于体育场馆消防安全风险评估,当收集到一个场馆的各指标数据后,即可基于已构建好的决策树算法模型来判断该场馆的火灾风险值[18]。

2. 构造决策树

在基于决策树进行分类时,将数据集分为训练集和测试集,首先将训练集构建成一棵泛化能力最强的决策树,再用测试集进行模型预测,并计算其泛化误差。在构造训练集决策树时,首先从根节点开始,根节点由所有的训练样本组成,基于训练样本从上至下进行特征属性测试,再基于属性值进行分支,最后抵达叶子节点,即叶子节点为决策树的最终输出结果[19]。

决策树的分类过程为选择可以得到最优分裂结果的指标进行分裂的过程[20]。以体育场馆消防安全风险评估为例,最优的分裂结果是能找到一个条件,刚好能够将不同风险值的指标分开。一般情况下很难一步完成分类,需要采用一种策略,使得每一次分裂之后下一个子节点的类别尽量保持一致,即高风险的指标尽量不要和低风险的指标混在一起。

如图 4.2 和图 4.3 所示,相比于按指标 1 分裂后的叶子节点的数据,按指标 2 分裂后的叶子节点的数据混乱度更低:其中设类 A 为高消防安全风险指标,类 B 为低消防安全风险指标,则以指标 1 分裂后,每个节点的这两种风险指标的数量还是相同,混乱度较高;而按照指标 2 分裂后,每个节点的分类较统一,

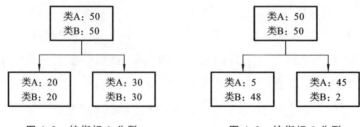

图 4.2　按指标 1 分裂　　　　　　图 4.3　按指标 2 分裂

即一个叶子节点中大部分为高风险指标,另一个叶子节点中大部分为低风险指标。

为了使所有中间节点分出来的数据最纯,决策树使用信息增益或基尼系数作为选择指标的标准。

信息增益表示分裂前数据混乱度和分裂后各叶子节点总数据混乱度的差值:

$$\text{Info\_Gain} = \text{Gain} - \sum_{i=1}^{n} \text{Gain}_i \tag{4-1}$$

式中:Gain——节点的混乱程度。

Gain 值越高,说明混乱程度越高。信息增益越大,则说明使用该指标进行划分所获得的"纯度提升"越大,分类的效果越好。

基尼系数表示在样本数据集中一个随机选中的样本被错分的概率。也是决策树进行最优划分属性的一个重要参考依据[21]。构建样本数据集 D,假定样本有 N 个分类,样本属于第 n 个类别的概率设为 p_n,那么该概率分布的基尼系数为

$$\text{Gini}(p) = \sum_{n=1}^{N} p_n(1-p_n) = 1 - \sum_{n=1}^{N} p_n^2 \tag{4-2}$$

式中:N——类别;

p_n——样本属于第 n 个类别的概率。

数据集 D 的基尼系数为

$$\text{Gini}(D) = 1 - \sum_{n=1}^{N} \left(\frac{|C_n|}{|D|}\right)^2 \tag{4-3}$$

式中:$|C_n|$——样本集 D 中属于类别 n 的样本个数。

$\text{Gini}(D)$ 反映了由样本数据集 D 中随机选中两个样本,其类别标记不一样的概率。因此,$\text{Gini}(D)$ 越小,则数据集 D 的纯度越高。

4.2.2　随机森林模型的构建过程

随机森林模型以决策树为基础,通过统计各个决策树的分类结果,以及对分类结果进行投票,决定最终的分类,以避免单棵决策树因为数据集中的错误数据产生分类错误的问题,进而提高分类准确率[22]。

随机森林模型生成流程如图 4.4 所示,随机森林模型的形成主要分为三个步骤:

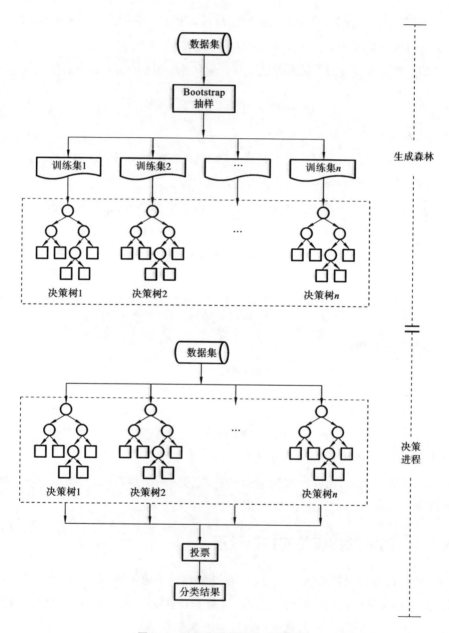

图 4.4　随机森林模型生成流程图

1）为每棵决策树抽样产生训练集

随机森林中的每棵决策树之间是没有关联的,要生成不一样的树,就需要不同的样本数据集,因此需从原样本数据集中随机抽取不同的数据,组成不同的子数据集,用于对不同的决策树进行训练。有两种随机抽取子数据集的方法:一是有放回抽样,即将抽出的数据集重新放回,再抽另一个子数据集;二是无放回抽样,即将抽出的数据集去除后,再从原数据集中随机抽取另一个子数据集。

Bagging 方法是当前常用的数据子集抽取方式,运用 Bagging 方法随机抽取的数据子集可以保证训练出的每一棵决策树都是相互不关联的,因此,该方法能够降低算法过拟合的风险。

Bagging 方法是从原样本数据集中随机抽取一次数据集后,将抽取的数据集放回原数据集后再进行下一次抽取,可以将样本数据集分为若干个训练子集,用这些训练子集来构造不同的弱分类器,再将这些分类器进行组合,形成强分类器。通过试验可知,这样产生的强分类器性能要显著优于其他强分类器。

Bagging 思想应用于随机森林算法中时,首先随机地从样本数据集中抽取固定数量的数据样本,构成一个子集,用构建的子集训练一棵决策树,再将构建的子集放回到原样本数据集中,再次随机地抽取相同数量的数据样本,形成另一个子集,训练另一棵决策树。重复以上过程,直到训练出所需数量的决策树。

2）构建每棵决策树

确定了每棵树的训练集以后,开始构建决策树。在随机森林算法中,建立决策树的过程包括两个重要阶段,其决定了随机森林的准确性和算法的运行时间。这两个阶段分别是节点分裂阶段和随机特征变量的随机选择阶段。

（1）节点分裂　节点分裂是决策树构建的主要步骤。由于划分条件有差异,节点分裂形式也不同,建立出的决策树也不一样。通常随机森林采用分类和回归树（CART）算法,而且每棵树根据自己的规则生长,不进行剪枝处理。

（2）随机特征变量的随机选取　在构建随机森林的每一棵决策树时,

需要随机地从特征集中采集部分特征变量参与节点分裂选择的计算。进行分裂计算的随机特征变量的大小为$[\log_2 M+1]$（M为所有特征数）。每一棵树的随机特征变量的大小都保持一致，以防分类模型发生过拟合现象。

3）森林的构建及算法的执行

不断重复上述步骤1）和2），当树的数量达到所需数量时终止，这样就可构建大量不同的决策树，再将这些树进行组合，依据一定条件对每一棵树的分类结果进行投票，投票数最多的分类结果就是随机森林最终的分类结果。

4.2.3 利用随机森林算法计算指标重要度

动态消防安全风险评估中的大量指标数据构成了高维数据集。随机森林算法具有计算指标重要性的能力，可用于高维指标的筛选和优化。利用常见的平均不纯度的减少计算风险指标的重要性。计算风险指标i在节点分裂时基尼系数的减少值D_{Gi}；把森林中所有节点的D_{Gi}求和后对所有数取平均，即为风险指标i的重要性。用Gini系数衡量变量重要性评分（variable importance measures，VIM），计算公式为

$$GI_m = \sum_{k=1}^{k} p_{mk}(1-p_{mk}) = 1 - \sum_{k=1}^{k} p_{mk}^2 \tag{4-4}$$

式中：GI_m——Gini系数；

$\quad k$——类别；

$\quad m$——特征数；

$\quad p_{mk}$——节点m中类别k所占的比例。

特征在分支前后的Gini系数变化量$VIM_{jm}^{(Gini)}$为

$$VIM_{jm}^{(Gini)} = GI_m - GI_l - GI_r \tag{4-5}$$

式中：GI_l、GI_r——分支后两个新节点的Gini系数。

若j特征在决策树中对应节点在集合M中，则j特征在第i棵树的重要性$VIM_{ij}^{(Gini)}$为

$$VIM_{ij}^{(Gini)} = \sum_{m \in M} VIM_{ij}^{(Gini)} \tag{4-6}$$

假设随机森林共有n棵树，j特征的重要性$VIM_j^{(Gini)}$为

$$VIM_j^{(Gini)} = \sum_{i=1}^{n} VIM_{ij}^{(Gini)} \tag{4-7}$$

对所求得的重要性评分做归一化处理,则有

$$VIM_j = \frac{VIM_j}{\sum_{i=1}^{n} VIM_i} \tag{4-8}$$

4.3　基于随机森林算法的指标体系优化

4.3.1　数据收集与模型试验

随机森林算法指标优化的基础是大数据集。在已获取监测数据的基础上,根据设计定量指标的日常监测数据积累(包括正常和异常状态数据),可获得相应设施的完好率或故障率。当数据积累达到一定量时,根据累积数据分析得到的设施完好率或故障率趋于稳定,更接近真实情况。因此,需采集多个体育场馆在较长时间内的监测数据,用以建立数据集。

以某市物联网消防远程监控系统中 35 个体育场馆的长时间监测大数据为基础,建立体育场馆指标数据集,部分示例如表 4.1 所示。

表 4.1　物联网消防远程监控系统体育场馆指标数据集

序号	消防主机电源检测情况	故障占比/%	屏蔽占比/%	报警器完好率/%	喷淋控制柜状态	最不利点消火栓水压/MPa	...	水喷淋系统末端水压正常率/%
1	正常	0.14	0.00	100	正常	0.03		60.00
2	正常	0.11	0.00	100	离线	0.02		50.00
3	正常	0.06	0.00	100	离线	0.06	...	72.73
4	正常	0.00	0.00	100	自动	0.07		100.00
⋮				⋮				
35	正常	0.00	0.00	100	无	0.05	...	69.23

运用 MATLAB 软件,并调用随机森林工具包 RF_MexStandalone-v0.02,建立模型后运行软件。将数据集分为训练集与测试集(其中数据个数的比例为8:2),同时不断调节参数至最佳预测情况。如图 4.5 所示,训练集的真实值与预测值分别形成的折线基本吻合,存在较少误差,这说明所建立的训练模型拟合度高,可用来对测试集进行精确度的分析。

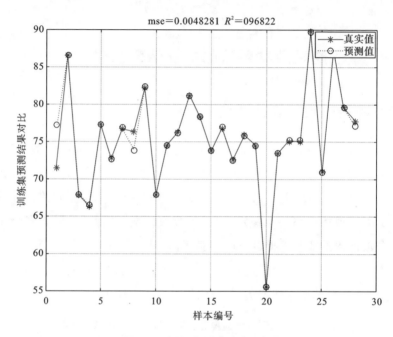

图 4.5　训练集预测结果对比

用最佳优化的随机森林模型,对测试集进行测试,所得到的测试样本的预测值与实际值的最大误差为 5.4%,测试集预测值与实际值的误差不超过 6%,即模型的准确率在 94% 以上,如图 4.6 所示。这一结果表明了所建立的评估体系及方法的适用性和模型的准确性。

针对训练集和测试集的验证结果表明通过随机森林模型对当前数据集进行分类的准确率符合要求。

通过调节参数最终确定 n 为 62,树的最大深度为 4,分裂所需的最小样本数为 4,其他参数选取 Sklearn 函数库中默认参数。

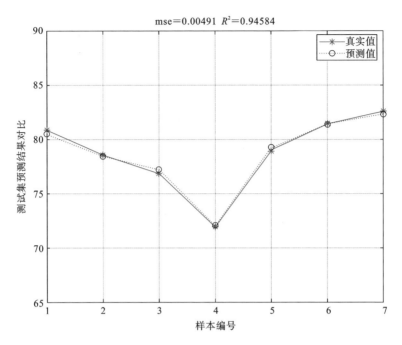

图 4.6　测试集预测结果对比

4.3.2　动态指标优化结果分析

1. 重要度分析

随机森林计算得到各指标重要度结果,以重要度前 20％ 和后 20％ 维度进行展示,如图 4.7 所示。

由图 4.7 可知,重要度前 20％ 的指标依次是:隐患存量、消火栓控制柜状态、喷淋控制柜状态、巡查点位完成率、水喷淋系统末端水压正常率、消防控制室人员持证数、消防主机状态、场馆封闭程度、场馆设计容纳人数、隐患整改情况。在这 10 个指标中,消防设备设施管理类指标占 40％,隐患管理类指标占 30％,由此可知,以消防设备设施管理和隐患管理为主的动态指标对体育场馆消防安全风险起着较为重要的影响。

重要度后 20％ 的指标依次是:消防安全责任人、消防安全管理人员、消防安全联络人、安全出口数量、疏散楼梯数量、建筑平面图数量、消防监管人员、灭火

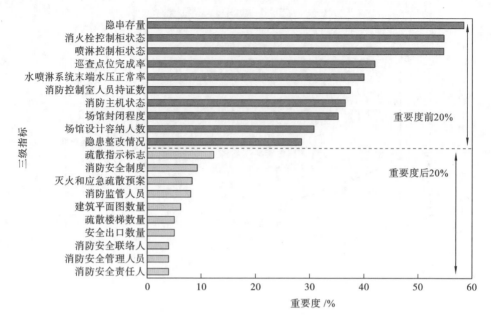

图 4.7　三级指标对火灾风险重要度排序结果

和应急疏散预案、消防安全制度、疏散指示标志。由此可知,建筑消防基础信息对火灾风险的影响极小。这类指标多是依据相关标准、规范制定的规章制度,所有体育场馆均有标准、规范类档案。此类指标中,如是否制定灭火和应急疏散预案是静态指标,对动态火灾风险的影响较小。但以最近一次消防灭火和应急疏散演练时间代表的消防应急演练情况属动态指标,通过计算机自动运算判断是否满足至少每半年举行一次演练,对动态风险的影响更大[23,24]。

2. 均方误差分析

重要度较小的指标可能给评估结果带来一定的误差,并且降低评估模型的运行速度。因此,运用随机森林算法对指标进行优化时,依次删除特征重要度较小的指标,直到只剩下一个指标为止,根据均方误差的变化确定优化方案。依次删除特征重要度较小的指标时均方误差的变化情况如图 4.8 所示。

由图 4.8 可知,当删除指标个数小于 9 时,均方误差总体呈下降趋势,当删除指标个数大于 9 时,均方误差也随之升高。在删除 9 个指标时,均方误差达到最低,为 0.05,相对初始体系均方误差降低了 0.19。因此,选择均方误差为0.05 时的方案为最优动态指标体系,如表 4.2 所示。

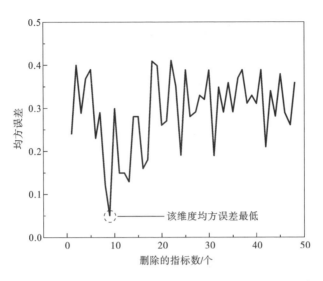

图 4.8　依次删除特征重要度较低的指标时均方误差的变化情况

表 4.2　优化后体育场馆动态消防安全风险评估指标体系

属性	一级指标	二级指标	三级指标
建筑物固有安全性（静态指标）	建筑硬件固有安全性	消防验收情况	是否通过消防验收
		场馆结构	场馆封闭程度
		场馆规模	场馆设计容纳人数
消防管理水平（动态指标）	消防安全人员管理	人员在岗情况	微型消防站人员在岗情况;消防控制室人员在岗人数
		人员培训情况	最近一次人员消防安全培训时间;消防控制室人员持证数
		消防演练情况	最近一次消防灭火和应急疏散演练时间
	设备设施管理	消防主机	消防主机状态;消防主机电源检测情况;故障占比;屏蔽占比;报警器完好率
		自动喷水灭火系统	喷淋控制柜状态(自动、手动、接电);水喷淋系统末端水压正常率(末端水压正常数/总数)
		消火栓灭火系统	最不利点消火栓水压(屋顶试验消火栓水压值);消火栓控制柜状态(自动、手动、接电)

续表

属性	一级指标	二级指标	三级指标
消防管理水平（动态指标）	设备设施管理	防火门、防火卷帘	防火门运行完好率（正常数/总数）；防火卷帘运行完好率（正常数/总数）
		防排烟系统	防排烟系统控制柜接电状态（通电状态占比）；防排烟系统控制柜状态（自动状态占比）
		消防水池水箱	消防水箱液位、消防水池液位（低于正常液位）
		单位维保情况	绑定维保公司情况；维保天数
	隐患管理	单位人员防火巡查情况	巡查点位完成率（巡查完成点位数/巡查计划点位数）；隐患存量（未整改的隐患数量占所有隐患的比例）；隐患级别；隐患整改情况（逾期未整改的隐患个数）

优化后的体育场馆动态消防安全风险评估指标体系由静态指标和动态指标两部分构成。静态指标反映建筑物的固有安全性，动态指标是引起建筑火灾风险变动的主要扰动因素。以安全出口为例，若该场馆通过了消防验收（消防验收数据可以通过政府系统调用），则系统默认其安全出口设置和数量合理，固有安全性较高；但一旦安全出口被堵塞，则体现为隐患存量的增加，即动态风险发生变化。

当前大数据和物联网技术仍在快速发展中，结合技术要求，选取关键指标表现体育场馆的综合动态火灾风险。譬如，表 4.2 中，自动喷水灭火系统主要考虑喷淋系统组件（报警阀、压力开关等）完好率、喷淋控制柜状态和水喷淋系统末端水压正常率三个指标，在实际物联网运行操作中，将喷淋控制柜接入消防主机，则喷淋系统组件完好率通过消防主机的故障占比和屏蔽占比来体现，因此，自动喷水灭火系统由喷淋控制柜状态和水喷淋系统末端水压正常率两个指标代表；若在巡查过程中，发现存在人为改动喷头位置或数量等问题，则动态指标隐患管理中隐患存量增加、相应隐患级别发生变动。此外，后续还可考虑体育场馆内的商铺、配电室、更衣室等不同功能分区的火灾荷载变动，设计动静结合指标，以进一步完善指标体系。

4.3.3　利用相关性验证随机森林模型优化的合理性

皮尔逊相关系数可以用于衡量各指标间的线性相关性,该系数的输出范围为$[-1,1]$。相关系数的绝对值越大,相关性越强;反之,相关性系数绝对值越小,则相关性越弱。

皮尔逊系数的计算式为

$$\rho_{x,y} = \frac{\mathrm{cov}(x,y)}{\sigma_x \sigma_y} = \frac{E\big[(x-\mu_x)(y-\mu_y)\big]}{\sigma_x \sigma_y}$$
$$= \frac{E(x,y) - E(x)E(y)}{\sqrt{E(x^2) - E^2(x)}\ \sqrt{E(y^2) - E^2(y)}} \tag{4-9}$$

式中:$\mathrm{cov}(x,y)$——x 和 y 之间的协方差;

μ_x 和 μ_y——x 和 y 的均值;

σ_x 和 σ_y——x 和 y 的标准差;

E——数学期望。

通过计算指标的皮尔逊系数,可以判断指标筛选的合理性。一般以相关系数 0.3 作为判断指标与综合火灾风险是否相关的阈值[25]。运用 SPSS 软件,对随机森林模型优化后删除的重要度最低的 9 个指标进行相关性分析,结果如表 4.3 所示,可以看出这些指标与综合火灾风险的相关性系数均小于0.3,即这些指标与综合火灾风险相关性较低,验证了利用随机森林模型对指标重要度排序的合理性和指标筛选优化的合理性。

表 4.3　重要度最低的 9 个指标相关性分析

风险等级	与综合火灾风险的相关性
消防安全责任人	0.08
消防安全管理人员	0.09
消防安全联络人	0.05
安全出口数量	0.16
疏散楼梯数量	0.12
建筑平面图数量	−0.04
消防监管人员	0.05
灭火和应急疏散预案	0.11
消防安全制度	−0.04

综上,体育场馆动态消防安全风险评估指标体系框架如图 4.9 所示。

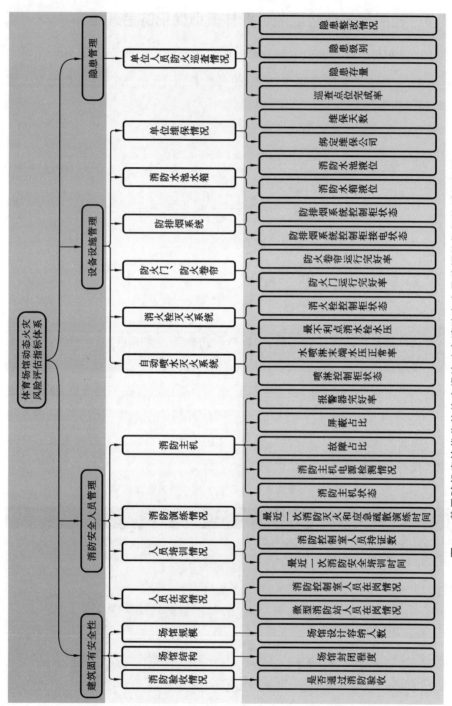

图 4.9 基于随机森林优化的体育场馆动态消防安全风险评估指标体系框架图

4.4　本章小结

本章考虑大量数据带来的信息冗余和关键信息弱化等问题,建立了基于随机森林的特征选择方法,实现了评估指标优化。

(1)运用随机森林模型进行评估指标的筛选优化。以某市物联网消防远程监控系统中 35 个体育场馆的长时间监测大数据为基础,建立了体育场馆指标数据集。通过 MATLAB 软件建立随机森林模型,进行指标重要度和均方误差分析。重要度分析结果表明:在重要度前 20% 指标中,消防设备设施管理类指标占 40%,隐患管理类指标占 30%,因此,以消防设备设施管理和隐患管理为主的动态指标对体育场馆消防安全风险有着较为重要的影响。

(2)依次删除重要度较低的指标直至均方误差最低,并进行均方误差分析,结果表明,删除 9 个指标时的均方误差最低。利用相关性验证随机森林模型对指标重要度排序的合理性和指标优化的合理性。最终得到最优指标体系,其中包括一级指标 4 个,二级指标 14 个,三级指标 29 个。

本章参考文献

[1] 史一通. 基于 BP 神经网络的城市区域火灾风险评估模型研究[D]. 成都:西南交通大学,2018.

[2] 段美栋,姜东民,丁伶,等. FANP-BP 高层建筑火灾风险评估模型及应用[J]. 消防科学与技术,2015,34(11):1530-1533.

[3] LAU C K,LAI K K,LEE Y P,et al. Fire risk assessment with scoring system, using the support vector machine approach[J]. Fire Safety Journal,2015,78:188-195.

[4] WEI Y Y,ZHANG J Y,WANG J. Research on building fire risk fast assessment method based on fuzzy comprehensive evaluation and SVM [J]. Procedia Engineering,2018,211:1141-1150.

[5] TANG X Z,MACHIMURA T,LI J F,et al. A novel optimized repeatedly random undersampling for selecting negative samples：a case study in an SVM-based forest fire susceptibility assessment［J］. Journal of Environmental Management,2020,271：111014.

[6] 贾晗曦,林均岐,刘金龙. 基于随机森林的火灾损失影响因素研究[J]. 消防科学与技术,2019,38(11):1642-1644.

[7] 侯晓静,明金科,秦荣水,等. 基于随机森林模型的交界域火灾风险分析[J]. 林业科学,2019,55(8):194-200.

[8] 田睿,孟海东,陈世江,等. RF-AHP-云模型下岩爆烈度分级预测模型[J]. 中国安全科学学报,2020,30(7)：166-172.

[9] 周德红,李左,尹彬,等. 基于随机森林的LNG场站泄漏风险评价模型研究[J]. 工业安全与环保,2019,45(11):10-13.

[10] 周德红,李左,尹彬,等. 基于机器学习的LNG泄漏事故致因分析[J]. 安全与环境学报,2019,19(4):1116-1121.

[11] 周德红,李左,尹彬,等. 三种机器学习分类在LNG泄漏风险评估中的比较[J]. 消防科学与技术,2019,38(4):561-565.

[12] AULIA A,JEONG D,SAAID I M,et al. A random forests-based sensitivity analysis framework for assisted history matching[J]. Journal of Petroleum Science and Engineering,2019,181:106237.

[13] DAVIS R A,NIELSEN M S. Modeling of time series using random forests：theoretical developments[J]. Electronic Journal of Statistics,2020,14(2)：3644-3671.

[14] QUADRIANTO N,GHAHRAMANI Z. A very simple safe-bayesian random forest[J]. IEEE Transactions on Pattern Analysis and Machine Intelligence,2015,37(6)：1297-1303.

[15] UTKIN L V,KONSTANTINOV A V,CHUKANOV V S,et al. A weighted random survival forest[J]. Knowledge-Based Systems,2019,177：136-144.

[16] 党杰. 城市火灾风险评估指标体系研究[D]. 成都:西南交通大学,2018.

[17] PANHALKAR A R,DOYE D D. A novel approach to build accurate and

diverse decision tree forest[J]. Evolutionary Intelligence,2022,15(1)：439-453.

[18] ZIEGLER A,KOENIG I R. Mining data with random forests：current options for real-world applications[J]. Wiley Interdisciplinary Reviews-Data Mining and Knowledge Discovery,2014,4(1)：55-63.

[19] SUN X. Research on time series data mining algorithm based on Bayesian node incremental decision tree[J]. Cluster Computing-the Journal of Networks Software Tools and Applications,2019,22：10361-10370.

[20] XU W,QIN Z. Constructing decision trees for mining high-speed data streams[J]. Chinese Journal of Electronics,2012,21(2)：215-220.

[21] YILDIZ O T,ALPAYDIN E. Omnivariate decision trees[J]. IEEE Transactions on Neural Networks,2001,12(6)：1539-1546.

[22] 马辉. 基于随机森林的光伏电站结构故障诊断与分类研究[D].西安:西安理工大学,2021.

[23] SCORNET E. On the asymptotics of random forests[J]. Journal of Multivariate Analysis,2016,146：72-83.

[24] SPEISER J L,MILLER M E,TOOZE J,et al. A comparison of random forest variable selection methods for classification prediction modeling[J]. Expert Systems with Application,2019,134：93-101.

[25] 徐妍. 基于集成方法的建筑火灾财产损失与伤亡预测[D].大连:大连理工大学,2021.

第 5 章
动态消防安全风险评估模型建立

　　传统消防安全风险评估方法以降低指标权重的主观性为突破,评估方法较为单一,评估效率较低。本章以传统消防安全风险评估方法为对照,基于运用机器学习算法开展动态消防安全风险评估建模的方法研究,以有效解决动态消防安全风险评估的主观性问题,建立科学合理的动态消防安全风险评估模型,提高动态消防安全风险评估的准确性和效率。

5.1　传统消防安全风险评估方法

5.1.1　指标权重确定方法

　　在消防安全风险评估中,合理地确定权重是有效评估的必要前提。评价体系中的各个指标因素对体育场馆消防安全风险的重要度是不一样的,即权重大小不同。权重是根据定量方法来确定各指标在评估体系中相对重要度大小的综合度量。权重确定需考虑以下方面:首先,因为被评估对象系统复杂且模糊,所以要对一些指标的权重值进行适当的调整;其次,确定各指标的权重时须注意主次有别,权重分配应科学合理、轻重有度。

现有指标权重的确定方法主要分为依靠决策者评价的主观赋权法和依照客观信息的客观赋权法。主观赋权法是采用定性的方法确定各指标的权重,权重大小主要依赖于专家自身经验的判断,特点是操作简单且成熟,但主观性强。客观赋权法是基于各指标的相关数据计算得到权重,即通过对评估指标实际数据进行采集、整理和分析,确定指标数据和研究对象间的内在联系来获得权重。该方法的特点是过于依赖收集到的相关指标数据值,缺失了现实生活的主观意义,容易导致收集到的相关数据大量失效。为了更科学、准确地确定体育场馆动态消防安全风险评估指标的权重,本章将主观赋权法和客观赋权法相结合来确定权重,即将层次分析法与熵权法相结合来确定指标权重。

1. 层次分析法

层次分析法是一种实用的多准则、多目标决策方法,不仅可以用于定性分析,也可以用于定量分析。层次分析法最大的特点是将最常规易行的专家评分法的结果进行量化,能有效减小因人的主观性导致的结果误差,体现了人的分析、判断、综合能力,又将定性与定量分析相结合,可以在计算过程中找出对总目标影响较大的因素,以便及时调整,最后得出较为明确合理的结果。该方法在影响因素较复杂且缺少数据的时候也适用,所以近年来在我国,层次分析法广泛应用于各行业的安全评价,如煤矿安全评价、消防安全评价、交通安全评价等,也可应用于质量评价,如水质评价、生态环境质量评价等。图 5.1 为层次分析法的步骤流程图。

运用层次分析法来确定危险性评估中各层元素权重值的过程一般可分为四个步骤。

1）构建评估层次结构

层次分析法中最重要的一步是构建评估层次结构。在全面分析系统后,将系统内的问题分解成不同的组成元素,再根据各个元素间的相互影响将其分层聚类。一个好的层次结构对风险评估而言是非常重要的,所以

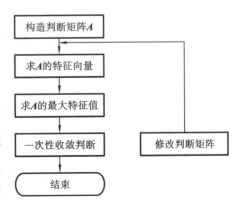

图 5.1　层次分析法步骤流程图

在构建评估层次结构时必须进行深入分析。

2）构造判断矩阵

构造判断矩阵时，运用专家评分法比较因素 A_i 和 A_j 的重要程度，需要对重要程度赋予一定数值。设有 n 个因素，A_1，A_2，A_3，$\cdots$，A_n，其权重分别为 w_1，w_2，w_3，$\cdots$，w_n，两两比较，构成 $n\times n$ 的矩阵 A。通常采用 $1\sim9$ 比例尺度法，各个标度的具体含义如表 5.1 所示。

表 5.1　标度的含义

标度	含义
1	表示两个元素相比，具有同等的重要性
3	表示两个元素相比，前者比后者稍重要
5	表示两个元素相比，前者比后者明显重要
7	表示两个元素相比，前者相对后者强烈重要
9	表示两个元素相比，前者相对后者极端重要
2,4,6,8	重要程度介于其上者和下者之间
倒数	若因素 A_i 与 A_j 的重要程度数值之比为 a_{ij}，那么因素 A_j 与 A_i 的重要程度数值之比为 $a_{ji}=1/a_{ij}$

判断矩阵用于表示在上一层次中某一因素与本层次中相关因素间的相对重要程度，若 U 层次中的元素 U_j 与下一层次 A_1，A_2，$\cdots$，A_n 有关联，构造的判断矩阵如表 5.2 所示。

表 5.2　构造判断矩阵

U_j	A_1	A_2	$\cdots$	A_n
A_1	a_{11}	a_{12}	$\cdots$	a_{1n}
A_2	a_{21}	a_{22}	$\cdots$	a_{2n}
$\vdots$	$\vdots$	$\vdots$	$\vdots$	$\vdots$
A_n	a_{n1}	a_{n2}	$\cdots$	a_{nn}

由表 5.2 可知，矩阵 A 为

$$A = \begin{bmatrix} a_{11} & a_{12} & \cdots & a_{1n} \\ a_{21} & a_{22} & \cdots & a_{2n} \\ \cdots & \cdots & \cdots & \cdots \\ a_{n1} & a_{n2} & \cdots & a_{nn} \end{bmatrix} \tag{5-1}$$

判断矩阵 A 具有下述性质：

$$a_{ij} > 0 \tag{5-2}$$

$$a_{ii} = 1 \tag{5-3}$$

$$a_{ij} = \frac{1}{a_{ji}} \quad (i, j = 1, 2, \cdots, n) \tag{5-4}$$

3）计算指标的相对权重

若判断矩阵 A 的特征向量为 W，最大特征根为 $\lambda_{\max}$，则求解矩阵 A 的特征根问题的公式为

$$AW = \lambda_{\max} W \tag{5-5}$$

求得的 W 经过归一化处理，即为同一层次相对应元素相对上一层次中某一元素重要程度的权重向量。计算方法如下。

① 对 A 进行规范化处理：

$$\overline{a_{ij}} = \frac{a_{ij}}{\sum\limits_{i=1}^{n} a_{ij}} \quad (i, j = 1, 2, \cdots, n) \tag{5-6}$$

② 按行相加得和向量：

$$W_i = \sum\limits_{i=1}^{n} \overline{a_{ij}} \quad (i, j = 1, 2, \cdots, n) \tag{5-7}$$

再将和向量正规化，得权重向量：

$$\overline{W_i} = \frac{W_i}{\sum\limits_{i=1}^{n} W_i} \quad (i = 1, 2, \cdots, n) \tag{5-8}$$

4）计算特征根 $\lambda_{\max}$

$$\lambda_{\max} = \sum\limits_{i=1}^{n} \frac{[\overline{AW_i}]_i}{n(\overline{W_i})_i} \quad (i = 1, 2, \cdots, n) \tag{5-9}$$

由于人的主观性的存在以及客观事物的复杂性，在对比各因素时，尤其当元素较多时，难以保证一次就可以使判断矩阵保持完全一致，无法完全避免误差的产生。为了尽量减小误差，保证精确性，有必要对判断矩阵进行一

致性检验。

若判断矩阵完全一致,则存在如下传递关系:

$$a_{ik} = a_{ij}a_{jk} \quad (i,j,k=1,2,\cdots,n) \tag{5-10}$$

否则就是不一致的。

若判断矩阵完全一致,则有 $\lambda_{max}=n$,其他的特征根全为零。一致性指标 CI 的计算式为

$$CI = \frac{\lambda_{max}-n}{n-1} \tag{5-11}$$

式中:n——判断矩阵阶数。

若判断矩阵完全一致,则 $CI=0$;若判断矩阵不一致,一般有 $\lambda_{max}>n$,故有 $CI>0$。

可用平均随机一致性指标 RI 来确定判断矩阵的结果是否可以接受,即若

$$CR = \frac{CI}{RI} < 0.1 \tag{5-12}$$

成立,则可以认为求出判断矩阵的结果能接受。

平均随机一致性指标 RI 的值如表 5.3 所示。

表 5.3　平均随机一致性指标 RI 的值

阶数	2	3	4	5	6	7	8	9	10
RI	0.00	0.52	0.90	1.12	1.24	1.32	1.41	1.45	1.49

2. 熵权法

熵权法是先通过采集的实际客观数据确定评估指标权重,再通过一系列步骤获得最终权重的权重确定方法,具体的计算步骤如下。

1) 构造初始矩阵

设矩阵由 $m \times n$ 个指标值的初始数据组成。如果评估指标的决定矩阵是 X,x_{ij} 是第 i 个对象的第 j 个指标值,则初始矩阵 X 为

$$X = \begin{bmatrix} x_{11} & x_{12} & x_{13} & \cdots & x_{1n} \\ x_{21} & x_{22} & x_{23} & \cdots & x_{2n} \\ x_{31} & x_{32} & x_{33} & \cdots & x_{3n} \\ \cdots & \cdots & \cdots & \cdots & \cdots \\ x_{m1} & x_{m2} & x_{m3} & \cdots & x_{mn} \end{bmatrix} \tag{5-13}$$

2）指标数据标准化处理

由于评估指标间存在差异，需要对指标进行标准化处理，采用最大最小值法对初始指标矩阵进行标准化处理，得到矩阵 $\boldsymbol{B} = (b_{ij})_{m \times n}$，计算公式如下：

$$b_{ij} = \frac{\max x_{ij} - x_{ij}}{\max x_{ij} - \min x_{ij}} \tag{5-14}$$

3）确定各指标值的比重

对矩阵 $\boldsymbol{B}$ 进行标准化处理，计算其各个指标值所占的比重 p_{ij}，获得新矩阵 $\boldsymbol{P} = \{p_{ij}\}$。$p_{ij}$ 的计算公式如下：

$$p_{ij} = \frac{b_{ij}}{\displaystyle\sum_{j=1}^{n} b_{ij}} \quad (i = 1, 2, \cdots, m) \tag{5-15}$$

4）确定熵值

根据熵的定义，熵值计算公式如下：

$$e_j = -\frac{1}{\ln n} \sum_{j=1}^{n} p_{ij} \ln p_{ij} \quad (j = 1, 2, \cdots, n) \tag{5-16}$$

一般有 $e_j \in [0, 1]$；如果 $p_{ij} = 0$，则定义 $\lim_{p_{ij} \to 0} p_{ij} \ln p_{ij} = 0$。

5）确定指标权重

设 W_j 为第 j 个指标的权重，则指标权重的计算公式为

$$W_j = \frac{1 - e_j}{\displaystyle\sum_{j=1}^{n} (1 - e_j)} \tag{5-17}$$

最终获得 n 个评估指标的客观权重矩阵为

$$\boldsymbol{W} = \begin{bmatrix} W_1 & W_2 & \cdots & W_n \end{bmatrix}$$

由于熵权法计算复杂，通常借助软件进行计算和风险评估。常用软件有 Excel、MATLAB、SPSS 等，本研究采用 SPSS 软件进行计算。

3. 组合赋权法

通过对上述两种方法进行深入分析可知，层次分析法非常依赖专家的主观经验，而熵权法则过于依赖收集到的实际数据值，在缺失了现实生活的主观意义后，收集到的指标数据就会大量失效，而层次分析法的主观性正好可以解决失效数据过多的问题。因此，可以基于这两种分析方法，构建组合赋权法的混合模型，同时消除专家主观因素带来的评价偏差与样本数据差异性降低带来的

误差,科学地确定各评估指标的最终权重。

组合赋权法实现了定性与定量评估方法的结合,能更全面地从主观、客观两方面对评估指标赋权。组合赋权法的具体做法是首先分别通过层次分析法和熵权法得到两种权重,再对两种权重进行线性处理,线性处理公式为

$$W = \frac{W_i W_j}{\sum\limits_{i=1}^{n} W_i W_j}, \quad 0 \leqslant W \leqslant 1 \tag{5-18}$$

式中:W_i——层次分析法中各个指标的权重值;

W_j——熵权法中各个指标的权重值;

W——组合赋权法的各个指标组合的权重值。

5.1.2 评估值及风险等级确定

综上,系统地开展动态消防安全风险评估的关键步骤如下。

(1)结合物联网消防远程监控系统监测数据,为三级指标赋分。

(2)将三级指标赋分值与相应指标的权重值相乘,累加得到综合评估得分。其计算公式为

$$S = \frac{\sum\limits_{i}^{n} F_i \times W_i}{\sum\limits_{i}^{n} W_i} \tag{5-19}$$

式中:S——综合风险评估值;

F_i——第 i 个三级指标的赋分值;

W_i——第 i 个三级指标的权重值。

(3)划分火灾风险等级。

计算得出动态消防安全风险评估的综合得分(介于 1~100 之间),咨询专家并结合现场调研情况,将风险划分为五个等级,确定场馆的火灾风险等级。评估结果与火灾风险等级之间的对应关系如表5.4所示。

表5.4 评估结果与火灾风险等级之间的对应关系

风险等级	评估结果	含义
极高	0~60分	火灾风险极高,火灾风险处于难以控制的水平

续表

风险等级	评估结果	含 义
较高	60～70 分	火灾风险较高,可能发生较大火灾,火灾风险处于不易控制的水平
一般	70～80 分	火灾风险中等,可能发生一般火灾,火灾风险处于可控制的水平,风险控制重在局部整改和加强管理
较低	80～90 分	火灾风险低,火灾风险处于可接受的水平,风险控制重在维护和管理
极低	90～100 分	火灾风险极低,发生火灾可能性很低,发生火灾后能及时解决

5.2　机器学习算法对于消防安全风险评估的适用性

5.2.1　机器学习算法概述

随着各行各业的发展,数据量不断增多,人们对数据处理和分析的效率也有了更高的要求,一系列的机器学习算法应运而生。机器学习算法主要是指运用大量的统计学原理来求解最优化问题的算法。

机器学习是研究计算机如何模仿人类的学习行为,获取新的知识或经验,提高自身表现的计算机科学[1]。机器学习领域的著名学者汤姆・米切尔(Tom Mitchell)将机器学习定义为:如果计算机程序针对任务的性能随着经验不断增长,就称这个计算机程序能从经验中学习。总的来说,就是计算机通过算法来学习数据中包含的内在规律和信息,使计算机能够做出与人类相似的决策[2]。机器学习广泛用于解决分类、回归、聚类等问题。根据机器学习的形式,机器学习可以分为以下四类。

1)监督学习

监督学习问题中,计算机会预先为数据输入对象分配标签,通过数据训练出模型,然后利用模型进行预测。当输出变量为连续的时,该监督学习问题称为回归问题;当输出变量为离散的时,则该监督学习问题称为分类问题。在监督学习中,训练集中的样本都是有标签的,使用这些有标签的样本调整模型,模型就会产生一个推断功能,能够正确映射出新的未知数据,从而获得新的知识或技能[3]。综上,根据标签类型的不同,监督学习问题可以分为分类问题和回归问题两种。对于分类问题,要预测样本类别(离散的),例如给定鸢尾花的花瓣长度、花瓣宽度、花萼长度等信息,然后判断其种类;对于回归问题,要预测样本对应的实数输出(连续的),例如预测某一时期某一个地区的降水量。常见的监督学习算法包括决策树算法、朴素贝叶斯算法及支持向量机算法等。

2)无监督学习

该方法用于对不带类别的样本信息进行学习,即数据完全没有标签。其重点在于分析数据的隐藏结构,发现是否存在可区分的组或集群。无监督学习按照解决问题的不同,可以分为关联分析、聚类和维度约减三种。

关联分析是指通过不同样本同时出现的概率,发现样本之间的联系和关系。该方法被广泛地应用于购物篮分析中。例如,若发现购买泡面的顾客有80%的概率购买啤酒,那么商家就会把啤酒和泡面放在相邻的货架上。

聚类是指将数据集中的样本分成若干个簇,其中相同类型的样本会被划分为一个簇。聚类问题与分类问题的关键区别就在于聚类问题的训练集样本没有标签,预先不知道类别。

维度约减是指在保证数据集不丢失有意义的信息的同时降低数据的维度。特征选择和特征提取两种方法都可以取得这种效果,其中前者是指选择原始变量的子集,后者是指将数据由高维度转换到低维度。

无监督学习与人类的学习方式更为相似,这一点被视为人工智能最有价值的地方[4]。常见的无监督学习算法包括稀疏自编码、主成分分析及 K 均值方法等。

3)半监督学习

半监督学习是监督学习与无监督学习的结合,该方法是在大量文本信息未标记的基础上,标记少量文本来辅助分类。该方法减少了标记所需要的代价,从某种意义上来说提高了机器学习的性能。半监督学习常用到三个基本假设——平滑假设、聚类假设、流形假设,其目的是建立预测样例和学习目标之间的关系,其原理是在标记样本数量较少的情况下,通过在模型训练中直接引入无标记样本来充分捕捉数据整体的潜在分布规律,以改善传统无监督学习过程的盲目性、训练样本不足导致的学习效果不佳等问题。常用的半监督学习算法包括自训练算法、多视角算法、生成式半监督模型(如朴素贝叶斯模型、混合高斯模型、隐马尔可夫模型、贝叶斯网络模型等)、转导支持向量机模型等。

4)强化学习

强化学习就是智能系统从环境到行为映射的学习,以使奖励信号函数值最大,也就是观察后再采取行动。强化学习是从动物行为研究和优化控制两个领域发展而来的。强化学习和无监督学习一样,使用的是未标记的训练集,其算法基本原理是:环境对 Agent(软件智能体)的某个行为策略发出奖赏或惩罚的信号,Agent 要使每个离散状态期望的奖赏都最大,从而根据信号来增加或减少以后产生这个行为策略的趋势[5]。强化学习这一方法背后的数学原理与监督/非监督学习略有差异。监督/非监督学习更多地应用了统计学知识,而强化学习更多地应用了离散数学方法、随机过程等[6]。常见的强化学习算法包括 Q-学习算法、瞬时差分法、自适应启发评价算法等。

面对各式各样的模型需求,选用适当的机器学习算法可以更高效地解决一些实际问题[7]。

5.2.2　机器学习算法适用性分析

随着大数据、物联网、智慧消防建设的深入发展,传统的单纯依靠专家评价、层次分析等建立评估指标体系进行半定量评价的方法已经无法适应动态化、定量化的风险评估需求。与此同时,机器学习算法的不断发展以及计算机的不断普及和智能化发展,给予了人们在大数据背景下解决消防安全风险评估问题的新思路。目前,机器学习算法以其高效、智能、可操作性高的特点,在各领域的风险评估中得到了较为广泛的应用。在消防安全风险评估领域,运用机器学习算法进行风险评估也成为学术热点,同时这也是大势所趋。本章文献[8,9]表明,机器学习算法在消防安全风险评估中是适用的,无论是进行火场的建模和火灾扩散模拟,还是进行烟气扩散预测,抑或是选取最优化的评估指标,机器学习算法都有着很好的适用性。

本研究创造性地将多种机器学习算法应用到动态消防安全风险评估模型建立中,原理是通过消防物联网获得大量消防安全基础数据,采用机器学习算法完成数据处理、模型训练、参数调优以及模型精度评价等一系列工作,经过大量机器训练学习后得到计算机模型,实现对评估对象的动态消防安全风险的分析、评估和预测。

在解决实际问题时,不同机器学习算法有不同的适用性。一些机器学习算法虽然预测精度较高,但是使用条件较为苛刻,同时计算复杂、耗时长或需要的条件多;而一些机器学习算法通用性、鲁棒性较强。例如,神经网络算法(neural network algorithm)需要较多的样本,对于样本数较大的情况预测效果较好,适用于原始数据较多的情况;而支持向量机算法则适用于样本数较小的非线性问题。因此,选择合适的机器学习算法来建立动态消防安全风险评估模型是非常重要的。要想确定何种机器学习算法对于动态消防安全风险评估建模最为适用,从而确立最优化的评估模型,需要对几种不同的机器学习算法所建立的评估模型所得评估结果进行对比。因此,本研究将运用 6 种较为成熟的机器学习算法分别建立评估模型,并运用合适的验证方法对评估结果的准确性等指标进行综合对比验证,最终得出最优化的动态消防安全风险评估模型。

相较于传统的单纯依靠评估指标体系进行评估,利用机器学习算法建立动态消防安全风险评估模型进行评估具有显著的优势。传统的评估方法建立指标时依赖于专家评价结果,导致评估结果准确性较低以及评估所用时长较长,而机器学习算法则能基于以往的数据对动态消防安全风险进行准确的、快速的预测,其评估的结果是客观的、定量的。

5.3 动态消防安全风险建模选用的机器学习算法

5.3.1 机器学习算法对比

以深度学习为代表的机器学习是当前最贴近人类大脑认知模式的智能学习方法,充分借鉴了人脑的多分层结构、神经元的连接交互、分布式稀疏存储和表征、信息的逐层分析处理机制,拥有自适应、自学习的强大并行信息处理能力,在语音、图像识别等方面取得了突破性进展。

随着大数据分析技术及机器学习智能算法的不断成熟,通过分析海量历史数据做出前向预测的方法在建筑火灾预测中的应用似乎很有前景。高建勋[10]采用随机森林及 BP 神经网络算法构建了某城区火灾易发程度预测模型,通过对比决定性系数、均方误差、平均误差等模型评估指标,证明随机森林模型的预测效果优于 BP 神经网络算法,前者具有更高的预测精度和泛化能力;朱亚明[11]选取火灾、建筑、隐患、行为等各类特征,利用"火眼"系统进行机器学习与智能建模,根据业务需求设计相应机器学习算法(如 BP 神经网络算法)及数据挖掘技术,生成预测模型,该模型侧重于单一的火灾风险预测,针对未考虑火灾发生风险与人员财产损失风险等多重指标的综合火灾风险预测。孟毅等人[12]提出将建筑物所在区域等作为研究火灾的致灾空间分布基本因子,使用关联规则算法对城市火灾数据进行挖掘,得出火灾影响因素重要度排序。

为了预测体育场馆火灾的发生概率和与其对应的火灾风险等级,需要使用数据挖掘算法。数据挖掘算法包括单一学习算法和集成学习算法,其中单一学习算法有人工神经网络算法、K 近邻算法、朴素贝叶斯模型、支持向量机模型、K 均值方法等;集成学习算法包括基分类器之间存在依赖关系的 Bagging 系列算法(如 Bagging 算法、随机森林算法),以及基分类器之间没有依赖关系的 AdaBoost、梯度提升决策树(gradient boosting decision tree,GBD)等系列算法。目前,这些算法已经广泛地应用于体育场馆、区域性场所(古建筑群、商业建筑群)火灾发生预测模型。

使用多种数据挖掘算法(包括多层感知机(multilayer perceptron,MLP)、集成学习 Bagging 算法、集成学习 AdaBoost 算法、梯度提升决策树、支持向量机、随机森林算法)来处理创建的数据集。每个算法都使用一些特定的函数来加载数据、训练模型和显示结果,表 5.5 所示为各个算法的优越性和局限性对比。

表 5.5　数据挖掘算法对比

算法概述	优越性	局限性
多层感知机 (MLP)	● 较为基础,简单易学; ● 在非线性数据上表现较好	● 容易过拟合; ● 计算复杂度与网络复杂度成正比; ● 可解释性不强
支持向量机 (SVM)	● 解决小样本、非线性问题; ● 可以很好地处理高维数据集; ● 泛化能力比较强	● 对核函数,尤其是径向基函数的高维映射解释能力不强; ● 对缺失数据敏感; ● 适用于二分类问题,对于多分类问题容易产生过拟合

算法概述	优越性	局限性
随机森林（random forest,RF）	● 训练效率高,分类准确率高; ● 模型方差较小,不易过拟合,且泛化能力强; ● 不需要对数据进行预处理,能容忍噪声和异常值; ● 对多重共线性不敏感,对缺失数据和非平衡数据的分析结果比较稳健; ● 模型易扩展,计算开销小	● 如果某特征的取值区间划分较多,则其对算法的决策影响较大; ● 需要花费工夫使模型符合数据,且模型不易解释; ● 错误数据较多的分类问题或回归问题中,算法也会出现过拟合
集成学习 AdaBoost	● 可以将不同的分类算法作为基分类器; ● 模型分类精度较高; ● 不容易过拟合; ● 充分利用了基分类器进行联级	● 迭代次数(基分类器数目)不好设定; ● 易因数据不平衡导致分类精度下降; ● 对异常值和噪声数据比较敏感; ● 训练时间较长
梯度提升决策树（GBDT）	● 预测精度高,泛化能力强; ● 可以灵活处理连续型数据和离散型数据。	● 当数据量很大或特征维度很高时,需要遍历所有数据来寻找最优分裂点,导致计算复杂度很高,耗时较长; ● 由于其决策树是通过依次迭代对数据进行训练的,决策树间存在依赖关系,导致梯度提升决策树难以并行训练数据
集成学习 Bagging	● 每次都通过采样来训练模型,泛化能力强,模型方差较小; ● 对噪声不敏感	● 训练集的拟合程度较差,即模型的偏倚比较大

5.3.2　多层感知机

多层感知机[13,14]也称人工神经网络,是一种前馈深度神经网络模型。其网络架构由输入层、隐含层和输出层组成。每一层都有多个神经元,神经元的数量根据网络的复杂度不同而不同。输入层神经元负责接收信息,如输入一个 n 维向量,就有 n 个神经元;隐含层神经元负责对输入信息进行加工处理。多层感知机的层与层之间是全连接的,即任何一个上一层的神经元与下层的所有神经元都有连接。其中,输入层和隐含层用激活函数连接,隐含层和输出层用线性函数连接。使用有监督的反向传播学习方法来训练网络,训练神经网络的目的是寻找一组与期望输出有关联的权重数值。在每次训练完之后,通过计算期望结果与输出结果的均方差来反向调整权重,以此完成学习过程。每一层的神经元数量以及隐含层数量的优化过程极大地影响着整个网络的性能。此外,要求在整个训练过程中进行验证,以防止过拟合。神经网络的构建公式可以表示为

$$\begin{cases} \boldsymbol{z}^{(1)} = \boldsymbol{x}\boldsymbol{W}^{(l)} + \boldsymbol{b}^{(1)} \\ \boldsymbol{a}^{(1)} = \sigma(\boldsymbol{z}^{(1)}) \\ \boldsymbol{z}^{(2)} = \boldsymbol{a}^{(1)}\boldsymbol{W}^{(2)} + \boldsymbol{b}^{(2)} \\ \boldsymbol{a}^{(2)} = \sigma(\boldsymbol{z}^{(2)}) \\ \qquad \cdots \\ \boldsymbol{z}^{(L)} = \boldsymbol{a}^{(L-1)}\boldsymbol{W}^{(L)} + \boldsymbol{b}^{(L)} \\ \boldsymbol{y} = \boldsymbol{a}^{(L)} \end{cases} \tag{5-20}$$

式中:$\boldsymbol{x}$——输入向量;

$\boldsymbol{W}^{(1)}$、$\boldsymbol{b}^{(1)}$——第 1 层的权重矩阵和偏置向量;

$\boldsymbol{z}^{(1)}$,$\boldsymbol{a}^{(1)}$——第 1 层的加权和与激活输出;

σ——激活函数;

$\boldsymbol{y}$——模型的输出结果;

L——多层感知机的层数。

"MLP classifier"[15,16] 是一种神经网络分类器,它实现了使用反向传播进行训练的多层感知机算法。分类器有十几个参数(例如 hidden_layer_sizes、activation、solver)。它还可以将正则化参数(alpha)添加到损失函数中,来惩罚某些模型参数以防止过度拟合。

5.3.3 Bagging 算法

Bagging 算法是并行集成学习的经典算法,最早由 Breiman[17] 提出。为了使集成的基分类器尽可能独立,Bagging 算法可以通过自助抽样法随机从输入的数据集中选取数据构成多个训练子集,然后根据训练子集训练出多个基分类器,最后将基分类器结合,形成一个整体。其原理是:首先对原始训练集使用自助抽样(bootstrap sampling)法构成多个采样集,然后用这些采样集分别对多个基分类器进行训练,再通过基分类器的组合策略得到最终的集成分类器,最终预测结果是所有基分类器预测值的平均值,比单个决策树预测更稳健。Bagging 算法的关键在于自助抽样技术,即每次从原始数据集中以有放回的方式采样,产生新的训练集。由于每个训练集都是基于原始数据集的随机子集构建的,因此每个训练集和模型之间的关系都是不同的,这有助于减小模型的过拟合风险。另外,由于基础模型可以并行训练,因此 Bagging 算法具有较高的并行化能力,可大大提高模型训练效率[18]。

假设训练集 $D = \{(x_1, y_1), (x_2, y_2), \cdots, (x_n, y_n)\}$,其中 $x_i \in X$ 为输入样本,$y_i \in Y$ 为相应的输出标签,则 Bagging 算法流程如下。

(1) 自助采样:从原始数据集 D 中随机均匀采样,得到 B 个大小为 n 的子样本集合 $D_1, D_2, \cdots, D_B$,每个子样本集合中的元素都是以有放回的方式从 D 中抽取的。

(2) 模型训练:对于每个子样本集合 D_b,使用基础模型 $h(x, \theta_b)$ 进行训练(其中 θ_b 表示第 b 个基础模型的参数),得到一组模型 $\{h(x, \theta_1), h(x, \theta_2), \cdots, h(x, \theta_B)\}$。

(3) 预测生成:将新样本 (x, y) 输入 B 个基础模型的每个模型 $h(x, \theta_b)$ 中,得到 B 个预测结果 $\{f_1, f_2, \cdots, f_B\}$。

在分类问题中,Bagging 算法通常使用投票法,按照少数服从多数或票数过半的原则来投票确定最终类别。对于回归问题,Bagging 算法将所有基础模型的输出结果求平均数来预测新样本的目标值。该算法有效提升了弱分类器的分类性能。图 5.2 为 Bagging 算法流程。

5.3.4 AdaBoost 算法

Boosting 算法是一种可以用来减小监督学习偏差的机器学习算法,利用重

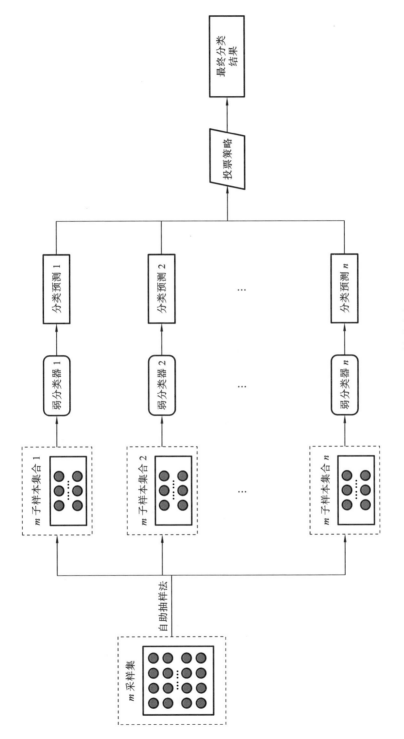

图 5.2 **Bagging 算法流程**

赋权法迭代训练基分类器,然后采用序列式线性加权方式对基分类器进行组合。Boosting 算法要求事先知道弱分类器分类正确率的下限,但在实际应用中难以做到这一点。Freund 等基于 Boosting 思想进一步提出了 AdaBoost 算法。AdaBoost 算法是最优秀的 Boosting 算法之一,是一种监督学习算法,它允许进行多次训练,能根据弱分类器的反馈,自适应地调整假定的错误率,用于提升算法准确性,适用于各类回归与预测。

AdaBoost 算法的核心思想是将分类精度比随机采样略好的弱分类器提升为高分类精度的强分类器。其原理是:先给训练数据中每个样本赋予权重,并把样本权重初始化为相等值,训练得到第一个基分类器;通过计算错误率确定第一个基分类器权重后,重新调整每个样本权重,增大被错分样本的权重,将正确分类的样本权重适度降低,从而使被错分样本在下层分类器学习中尽可能被正确分类;然后对基分类器进行加权组合,将正确率高的权值加大,正确率低的分类器权值减小;重复上述步骤,直至获得一个比弱分类器更加准确的分类器,作为最终的决策分类器以实现算法。图 5.3 所示为 AdaBoost 算法流程。

5.3.5 梯度提升决策树

梯度提升决策树(GBDT)[19] 由 Friedman 于 1999 年提出,是一种经典的 Boost 类集成学习算法。其原理是:由多棵依据原训练集构造的决策树组成决策树群,进行多次迭代;然后每次迭代在一棵决策树中产生一个结果,下一棵决策树在上一结果的残差(真实值－预测值)基础上进行训练,经过所有决策树迭代后,生成最终的结果。在算法迭代过程中,采用负梯度损失函数,连续调整样本权重,逐步减小偏差。由于 GBDT 具有较强的泛化能力和鲁棒性,该方法适用于各种分类或回归问题,被越来越多地关注。

GBDT 以决策树为基分类器,其核心思想是通过多轮迭代产生多个弱分类器,在每一次迭代后计算损失函数的负梯度,将其作为残差的近似值。GBDT 分类模型一般使用 CART 回归树作为基分类器,每个分类器的训练都是基于上一轮分类器预测结果的残差,以串行的方式向残差减小的方向进行梯度迭代,最后将每个弱分类器得到的结果进行加权求和,得到最终的总分类器。

对于训练集 $M=\{(x_1,y_1),(x_2,y_2),\cdots,(x_N,y_N)\}$,GBDT 算法的具体流

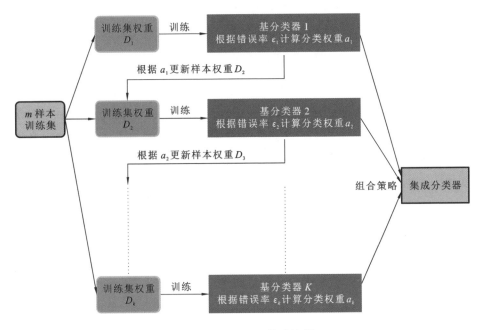

图 5.3 AdaBoost **算法流程**

程可以表示为

$$F_S(x) = \sum_{s=1}^{S} T(x;\Phi_s) \tag{5-21}$$

式中：$F_S(x)$——预测函数；

　　　x——训练集数据；

　　　$T(x;\Phi_s)$——第 s 个决策树的变量；

　　　Φ_s——第 s 个决策树参数；

　　　S——决策树的个数。

模型迭代步骤如下[20]：

（1）确定初始决策树 $F_0(x)=0$；

（2）采用向前分布算法，第 v 步的算法模型为

$$F_v(x) = F_{v-1}(x) + T(x;\Phi_v) \tag{5-22}$$

（3）根据得到的预测值 $F(x)$ 使得损失函数 L 最小的条件，确定第 v 个决策树参数 Φ_v：

$$\Phi_v = \text{argmin}_{\Phi_v} \sum_{i=1}^{n} L\left[y_i, F_{v-1}(x_i) + T(x_i; \Phi_v)\right] \tag{5-23}$$

（4）通过反复迭代，使最后得到的输出结果不断逼近训练值。

5.3.6　支持向量机

支持向量机（SVM）是一种对数据进行二元分类的广义线性分类器，其决策边界是对学习样本求解得到最大边距超平面[21,22]。支持向量机用于确定在训练数据中区分两类成员的最佳分类方法，最佳分类方法的确定可通过几何方式实现。支持向量机算法的基本思想是：找到集合边缘上的若干数据（称为支持向量），用这些点找出一个平面（称为决策面），使得支持向量到该平面的距离最大。支持向量机的学习策略就是间隔最大化，其算法就是求解凸二次规划的最优化算法，关键在于求得分类间隔最大值的目标解。SVM 算法使用基于支持向量机程序库 LIBSVM 实现的 C 支持向量分类器（C—SVC）进行分类。其分类决策函数可以表示为

$$f(x) = \text{sgn}(\boldsymbol{w}^{\mathrm{T}}\boldsymbol{x} + b) \tag{5-24}$$

式中：w——超平面的法向量；

b——偏置项；

x——输入样本的特征向量。

SVM 的构建过程包括以下步骤：

1）数据预处理

对于给定的训练数据集，首先需要进行数据预处理，包括特征选择、特征缩放、数据清洗等操作。这些操作有助于提高模型的准确性和泛化性能。

2）选取核函数

SVM 可以使用多种不同类型的核函数进行分类。在选择核函数时，需要考虑问题的类型、数据特征及其分布情况等因素。

3）构建最优划分超平面

在确定使用哪种核函数后，需要根据训练数据集来构建最优划分超平面。具体而言，需要计算超平面到各个样本点的距离，并选择距离最近的一些样本点作为支持向量。接着，需要根据支持向量构造最优划分超平面，使得从超平面到支持向量的距离最大。

4）求解模型参数

在确定最优划分超平面后,需要使用训练数据集来求解模型参数。这一过程可以通过优化目标函数来实现,目标函数的选择要考虑最小化模型复杂度和最大化间隔等。

5）模型评估

最后需要对构建好的 SVM 模型进行评估。常用的评估指标包括分类准确率、F1 值、AUC 值(包括 AUROC 和 AUPRC 值)等,并可使用交叉验证等方法进行模型评估和选择。

需要注意的是,在 SVM 的构建过程中,关键是确定最优划分超平面和求解模型参数。这一过程通常需要使用优化算法,在数据量较大、特征维度较高的情况下,可能消耗较长时间。因此,在实际应用中,需要根据问题的类型和数据规模做出适当的选择,以提高模型的运行效率和准确性。

5.4　动态消防安全风险评估数据处理

5.4.1　数据清洗

数据清洗是数据分析前的关键步骤。数据清洗是通过检测,发现数据集中不符合规范的数据,并按照一定规则纠正数据中能够识别的错误,对数据进行修改和修复,从而提高数据质量。数据清洗包括两项任务——检测和清洗,具体涉及重复数据检测和删除、错误数据检测和删除以及缺失数据检测和删除。

体育场馆火灾风险数据往往因为物联网感知设备故障、人为的疏忽以及物联网远程监控系统与云端服务器上的技术问题等而产生缺失。根据数据的缺失程度对数据分别进行处理。地上层数、地下层数、建筑面积等缺失率大于设定阈值 30% 的特征,因其对训练学习模型存在较大影响,故将其删除;对于缺失率低于设定阈值 30% 的特征,使用差补法将其补全。对于连续特征如消防水池水箱液位,采用均值插补法,以特征的中位数进行补充。对于类型特征如消防栓控制柜状态、喷淋控制柜状态等以非数(NaN)进行补充。当指标属性可量化时,以离散特征类型进行补充。对于离散特征,主要采用均值插补和众数插补的方式进行预测填补,以消除噪声和不一致性。

5.4.2 特征选择与分析

在数据预处理之后,由于体育场馆消防安全风险特征维度较多,需要选择有意义的特征并将其输入机器学习模型中进行训练。对于一个特定的学习算法,哪个特征有效是未知的。因此,有必要采用特征方法从所有的特征中选出对分类学习算法有益的相关特征。

特征选择方法就是选出与体育场馆火灾安全风险密切相关的属性变量的一组方法,其特点是降低模型复杂度、提高模型的预测性能、加快计算速度以及更好地理解数据特征或底层结构。特征选择方法主要有三种:过滤法、封装法和嵌入法。递归特征消除(recursive feature elimination,RFE)属于封装方法,是一种寻找最优特征子集的贪心算法,其主要思想是反复地构建模型,每次迭代消除一个最不相关特征(即排序准则分数最小的数据),然后在剩下的特征上重复这个过程,直到遍历所有的特征。在此过程中,特征被消除的顺序就是特征的排序,最后按照排序准则分数选取最优特征子集。

选择梯度提升算法作为基数估计器,并以准确率作为交叉验证得分。将处理的数据随机划分为训练集与测试集两部分,利用 K 折交叉验证的基本思想,选取模型参数 CV $=5$,就是将数据集均分为 5 个数据子集,选取其中一个数据子集作为测试集,其余 4 个数据子集作为训练集,生成 5 个内部模型,并对模型进行评估和测试,这样重复 5 次(每次选取不同的数据子集作为测试集),得到自变量在各个内部模型中的平均重要度及内部模型的平均性能,进而选出纳入最终模型的自变量。在此过程中,由于数据集存在类别不平衡问题,在训练模型前加入全局的随机种子,尽可能使每一类别均衡,从而保证模型的准确性。采用 RFE 方法,通过交叉验证自动调整所选特征的数量。由图 5.4 可知,最优特征数为 27,而被剔除的特征为消防控制室人员在岗情况、消防主机电源检测情况、喷淋控制柜状态、消防安全制度、消防安全联络人、消防安全管理人员。

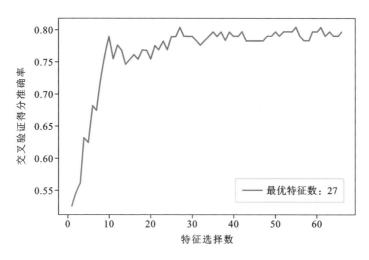

图 5.4　不同特征选择数下的交叉验证得分

由图 5.5 可知,重要度前 20% 的风险指标依次是:消火栓控制柜状态、消防控制室位置、灭火与应急疏散预案、监管单位类别、维保天数、消防安全制度、消防安全责任人、地上建筑面积、安全出口数量、地下建筑面积、建筑

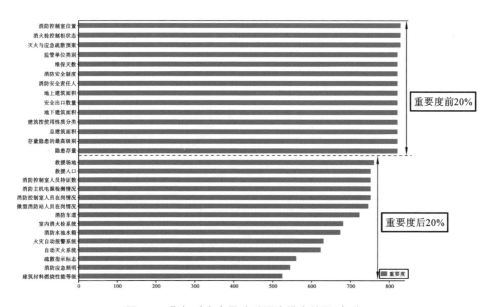

图 5.5　指标对火灾风险重要度排序结果(部分)

按使用性质分类、总建筑面积、存量隐患的最高级别、隐患存量。在这 14 个指标中,建筑消防基础信息占 35%,隐患管理类指标占 30%,由此可知以建筑消防基础信息与隐患管理为主的静态指标同样对体育场馆消防安全风险起着较为重要的影响。

重要度后 20% 的风险指标依次是:建筑材料燃烧性能等级、消防应急照明、疏散指示标志、自动灭火系统、火灾自动报警系统、消防水池水箱、消防车道、救援场地、救援入口、消防控制室人员在岗情况、微型消防站人员在岗情况、室内消火栓系统、消防主机电源检测情况等部分消防安全管理动态指标。

5.4.3　皮尔逊特征相关性分析

皮尔逊相关系数用于衡量分布之间的线性相关性,以判断各个变量间是否存在多重共线性问题,从而确定特征选择是否合理。如图 5.6 所示,该图为对称结构,对角线上同一特征的相关系数为 1,矩阵图的颜色越接近黑色,表示特征相关性越强且呈正相关,矩阵图的颜色越接近绿色,表示特征相关性越强且呈负相关。0.0 处的颜色表示不相关,矩阵图的颜色越接近 0.0 处的颜色,表示特征相关性就越弱。一般情况下,变量间的皮尔逊相关系数绝对值大于 0.75,则可能存在多重共线性问题,说明特征选择不合理,需要剔除,反之则说明特征选择较为合理。图 5.6 中大多数特征间的相关系数的绝对值都小于 0.75。但建筑材料燃烧性能等级与救援场地、疏散指示标志与自动灭火系统、巡查点位完成率与消防水池液位的相关系数均不小于 0.75,由于巡查点完成率、消防水池液位、自动灭火系统等上述指标均为影响场馆火灾风险的重要指标,因此暂不剔除。

5.4.4　数据类别平衡处理

在分类领域,数据样本不平衡的情况是普遍存在的。目前存在的大多数高效分类器都是针对平衡数据集的分类问题所提出的,因而有许多不平衡数据集的研究者希望对数据进行预处理,使数据集达到平衡后再进行分类。其中,采样是最为基础的方法,主要包括欠采样、过采样与混合采样。

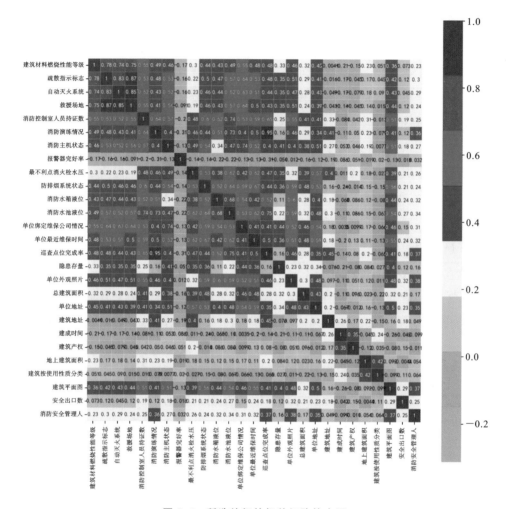

图 5.6　所选特征的相关矩阵热力图

欠采样通过减少多数类样本的数量来使多数类样本与少数类样本达到平衡,最简单的方法是随机地去掉一些多数类样本来减小其样本的规模,这样做的缺点是会丢失多数类样本的一些重要信息,不能够充分利用已有的信息;过采样则是增加少数类样本的数量使数据平衡,基本思想就是通过改变训练数据的分布来消除或减轻数据集的不平衡状况,通过增加少数类样本来提高少数类样本的分类性能;混合采样方法结合了欠采样和过采样方法的优点,许多学者的研究表明混合采样方法优于单独采样方法,但是对于特征较少的数据或者低维数据,混合采样方法在处理数据的过程中比较耗时,因此在时间消耗方面还有待加强。

对于不平衡数据集,采样后再进行分类是可取的。但随机欠采样在减少多数类样本数据、缩短训练时长的同时很容易造成重要数据信息尤其是样本空间分布信息的丢失,而随机过采样则会在增加少数类样本、扩大样本空间的同时导致过多的冗余重叠数据信息的产生。为了解决随机采样造成的上述问题,有学者进行了研究,发现分类过程中距离边界较远的数据对分类结果的影响不大。据此,Oriol Pujol 和 Darid Masip 一起提出了特征边界的概念,即以每个样本点为中心构造出超球面,超球面内的数据具有鲁棒性,当两个不同类别样本的超球面发生接触时,接触的位置为二分边界点,位于最佳非线性分类边界上的二分边界点即特征边界点。将分类的出发位置放在边界数据上逐渐成为不平衡数据集分类研究的主流之一。

不平衡数据是指类别标签中有一类样本的数量远远多于其他类样本数量的数据,导致分类结果不符合预期。为改善这种情况,一般都是对数量少的样本进行重采样或者对数量多的样本进行欠采样,这样能够缓解样本极度不平衡时模型训练的问题,但是这在一定程度上会改变样本数据标签的原始分布,使得模型的泛化性降低。因此在数据类别平衡处理方法当中,没有使用重采样或者欠采样的方法,而是对训练时的损失函数进行一个不同类型的加权,以提高模型对某些数量少的样本的重视。

5.5 基于机器学习算法的动态消防安全风险评估模型构建与实验

5.5.1 动态消防安全风险评估模型构建

本研究旨在通过交叉验证策略和机器学习算法建立一种树集成方法,以提高体育场馆动态消防安全风险预测的准确性。树集成方法集成了多个弱分类器,具有误差小、泛化能力强、易于解释等优点。因此,本研究设计了一种基于交叉验证策略与多层感知机、支持向量机、随机森林算法、梯度提升决策树(GBDT)、Bagging 算法、AdaBoost 算法相结合的集成学习方法。为了提高模型的准确性,结合 2 种交叉验证策略和 6 种机器学习算法分别构建了 12 种风险预测组合模型。最后,采用评价指标准确率(accuracy)、精确率(precision)、召回率(recall)、F1 值(F1-score)、ROC 曲线线下面积(AUROC)、PRC 曲线线下面积(AUPRC)对 12 种组合模型进行训练和测试,选取 GBDT+显著特征+K 折交叉验证模型为最优的预测组合模型。基于机器学习算法的动态消防安全风险预测模型构建的整个过程如图 5.7所示。

5.5.2　多种机器学习算法建模的对比实验

1. 模型验证

为了验证模型的稳定性,需要对训练后的错误率进行估计,这一操作称为残差计算。然而,残差计算结果只能说明模型对用于训练的数据进行学习的效果。造成机器学习算法低性能的原因可能有多种(例如过度拟合或欠拟合)。为了克服这些问题,可以使用多种操作和技术来提高分类器的性能,如分类度量、交叉验证。

2. 分类度量

在机器学习中,分类问题是一种输出属性类别的、离散的问题,是通过对样本数据进行机器学习,将新输入样例指派到其中一个类别中的问题。分类评价指标是一组用于验证模型性能的指标。采用几个常用指标对学习模型的性能进行评价,分别是准确率、精确率、召回率、F1 值、AUROC 值和 AUPRC 值,其中大部分性能指标均基于混淆矩阵进行计算。混淆矩阵是分类问题的预测结果的表示形式,它反映了每个类的正确和不正确预测的数量。

表 5.6 描述了一个包含两个类(第 1 类为阳性,第 2 类为阴性)的二元分类混淆矩阵,四个单元解释如下。

真阳性(true positives,TP):正确预测第 1 类的情况。

假阴性(false negatives,FN):错误预测第 1 类的情况。

假阳性(false positives,FP):错误预测第 2 类的情况。

真阴性(true negatives,TN):正确预测第 2 类的情况。

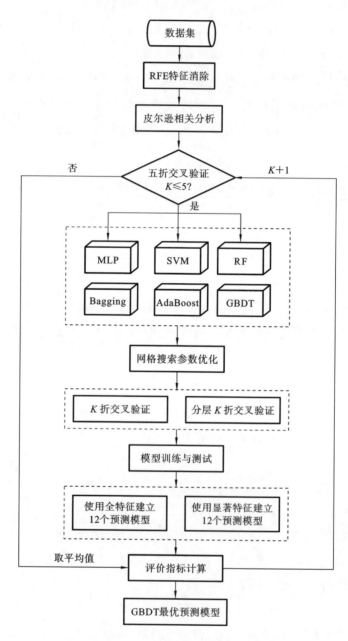

图 5.7　基于机器学习算法的动态消防安全风险预测模型框架

表 5.6　二元分类混淆矩阵

实际值	预测值	
	第 1 类	第 2 类
第 1 类	真阳性	假阴性
第 2 类	假阳性	真阴性

根据二分类混淆矩阵,可以计算出分类度量。模型的性能通过以下指标来评估,以描述分类的准确性。

(1) 真阳性率(TPR):也称为敏感度(sensitivity)或召回率,是正确预测的阳性实例占所有阳性样例的比例。该指标使用以下公式计算:

$$TPR = TP/(TP+FN) \tag{5-25}$$

(2) 真阴性率(TNR):也称特异度(specificity),是正确预测的阴性实例占所有阴性样例的比例。TNR 的计算公式如下:

$$TNR = TN/(TN+FP) \tag{5-26}$$

(3) 假阳性率(FPR):也称 1-特异度(1-specificity),是被预测为阳性的阴性样本占所有阴性样本的比例。FPR 的计算公式如下:

$$FPR = FP/(FP+TN) \tag{5-27}$$

(4) 假阴性率(FNR):也称 1-敏感度(1-sensitivity),是被预测为阴性的阳性样本占所有阳性样本的比例。该指标使用以下公式计算:

$$FNR = FN/(TP+FN) \tag{5-28}$$

(5) 准确率:分类器分类正确的样本数与总样本数的比值。

$$准确率 = \frac{TP+TN}{TP+TN+FP+FN} \tag{5-29}$$

(6) 精确率:分类器分类正确的正样本总数与分类器判别为正样本的样本总数的比值。

$$精确率 = \frac{TP}{TP+FP} \tag{5-30}$$

(7) 召回率:分类器分类正确的正样本总数与真实正样本的样本总数的比值。

$$召回率 = \frac{TP}{TP+FN} \tag{5-31}$$

（8）F1 值：可以解释为召回率和精确率的调和平均值，最大为 1，最小为 0。F1 值在正样本总数都预测正确的情况下为 1 时，达到其最佳分数，此时精确率和召回率是相等的。

$$F1 = 2\frac{精确率 \times 召回率}{精确率 + 召回率} \tag{5-32}$$

此外，还有以下曲线可用于描述分类的准确性。

（1）P-R（precision-recall）曲线：x 轴为召回率，y 轴为精确率。两个变量在曲线中呈负相关，越高的精确率，意味着越低的召回率。假设将所有对象预测为正类（即我们预测的目标 TP 和 FP），意味着不存在因为错误而将正类预测成为负类（即预测目标以外的，包括 TN 和 FN）的情形，即 FN 为 0，此时召回率为 100%；同理，如果将所有对象预测为负类，FP 为 0，此时精确率为 100%。

（2）ROC 曲线：受试者工作特征曲线（receiver operating characteristic curve），曲线上的每个点反映对同一信号刺激的感受性。在 ROC 空间中，FPR 定义为 x 轴，TPR 定义为 y 轴。在 ROC 空间中，预测结果用点进行表示，左上角的点是最为理想的预测结果。当每次预测实验都完全随机时，得到的 ROC 曲线是一条从左上到右下的斜线，该斜线上任意一点的精确率都为 50%。

（3）AUC（area under curve）：坐标轴和 ROC（或 P-R）曲线围成的图形面积。一般情况下，ROC 曲线位于在 $y=x$ 斜线上方，因此，AUC 所表示的数值区间是 $[0.5,1]$，数值越高表示检测结果越接近真实值。

3. 交叉验证

交叉验证是一种评估和验证数据挖掘算法的统计方法，它将数据集分为两部分：一部分用于训练，另一部分用于测试。在交叉验证中，训练集和验证集将进行多次划分，并在任意连续的轮中转换，这个过程重复多次，以便在每个集群中运行和验证模型，确保模型不会过拟合或欠拟合。交叉验证方法有很多，比如 K 折交叉检验（包括 K 折交叉验证、分层 K 折交叉验证、分组 K 折交叉验证）、留一交叉检验（leave-out-one）和洗牌分裂（shuffle split）。

1）K 折交叉验证（K-fold cross-validation）

为了最大限度地降低与训练和测试数据的随机数据集拆分相关的低性能，研究人员倾向于使用 K 折交叉验证。在 K 折交叉验证中，整个数据集（S）被随机分成 K 个相同大小的子集（$S_1,S_2,\cdots,S_K$）。模型经过 K 次训练和测试，其中的每次$(t_1, t_2, \cdots, t_K)$都在除一个子集(S_t)之外的所有子集上进行训练,并在剩余的单个子集(S_t)上进行测试。整体精度计算为 K 个精度度量的平均值。

使用 K 折交叉验证将数据集划分为 5 个集群,每个集群给出不同的准确率[23,24]。表 5.7 显示了每个集群的准确率以及使用 K 折交叉验证的平均值。

表 5.7　六种分类器的 K 折交叉检验的指标对比

算法	集群 1/(%)	集群 2/(%)	集群 3/(%)	集群 4/(%)	集群 5/(%)	平均值/(%)
MLP	81.42	81.42	82.85	87.85	84.44	83.60
SVM	85.71	85.71	91.42	82.85	88.14	86.77
RF	84.28	94.28	95.71	97.14	89.62	92.21
Bagging	91.42	94.28	95.71	92.85	86.66	92.18
AdaBoost	90.00	94.28	94.28	91.42	89.62	91.92
GBDT	92.85	94.28	97.14	95.71	86.66	93.33

2）分层 K 折交叉验证(stratified K-fold cross-validation)

分层 K 折交叉验证是一种分层采样的交叉检验方法,它确保训练集、测试集中各类别样本的比例与原始数据集相同。这样可以确保在验证或训练数据集时不会出现一个特定的类,尤其是在数据集不平衡时,该验证方法优势更为突出。

使用分层 K 折交叉验证将数据集划分为 5 个集群,每个集群给出不同的准确率。表 5.8 显示了每个集群的准确率以及使用分层 K 折交叉验证的平均值。

表 5.8　六种分类器的分层 K 折交叉检验的指标对比

算法	集群 1/(%)	集群 2/(%)	集群 3/(%)	集群 4/(%)	集群 5/(%)	平均值/(%)
MLP	79.28	86.42	88.57	90.00	93.33	87.52
SVM	90.00	88.57	91.42	92.85	88.14	90.20
RF	91.42	91.42	88.57	95.71	92.59	91.94
Bagging	90.00	87.14	88.57	94.28	92.59	90.52
AdaBoost	90.00	84.28	90.00	91.42	92.59	89.66
GBDT	91.42	87.14	88.57	94.28	92.59	90.80

5.6　最优动态消防安全风险评估模型结果与讨论

5.6.1　最优分类预测模型的获取

利用体育场馆火灾风险数据集,通过 K 折交叉验证技术和分层 K 折交叉验证技术,建立预测体育场馆火灾风险等级分类模型并评估其性能。从表 5.9 中的准确率和精确率可以看出,所有模型的准确率都在 83% 以上,精确率在 71% 以上。使用 RFE-Top20(17 个特征)构建的梯度提升(GBDT)模型通过 K 折交叉验证技术实现了最高的准确率(93.2%)和精确率(84.2%)。此外,梯度提升模型通过 K 折交叉验证技术构建的全特征模型的准确率和精确率也达到了 84.2% 以上。在这些模型中,通过分层 K 折交叉验证技术,使用 RFE-Top20 和全特征构建的模型在风险预测上的准确率均高于 86.0%,精确率在 68.8% 至 81.5% 之间。

在所有模型中,具有全特征和 RFE-Top20 的梯度提升模型通过 K 折交叉验证技术实现了最高的召回率(84.3%)和 F1 值(81.9%),如表 5.9 所示。另外,在表 5.9 中,AUROC 的范围为 88.8%~96.2%,其中选择全特征的梯度提升模型用于区分极高风险、高风险、中等风险、低风险和非风险类别。如表 5.9 所示,大部分模型的 AUPRC 超过 84.0%,其中最高的 AUPRC(89.8%)是由 K 折交叉验证下全特征的梯度提升模型获得的。总体而言,使用全特征开发的模型在区分极高风险、高风险、中风险、低风险和非风险等级方面表现良好,AUROC 范围为 90.1%~96.2%,而使用 RFE-Top20 开发的模型表现出相似的 AUROC(范围为 88.8%~95.9%)。(AUPRC 和 AUROC 的范围在 0~1 之间,数值越高则说明准确率越高,模型性能越好)

准确率和精确率并不能保证得到的性能结果是可以接受的,并且可能由于数据集不平衡而偏向优势类。采用六项不同的性能评价指标(准确率、精确率、召回率、F1 值、AUROC、AUPRC)进行分类模型的性能评估。表 5.10 中每个模型的名称由交叉验证类型、机器学习算法和特征集组合表示。计算每个性能指标排前五名的模型的出现频率。表 5.10 列出了六项性能指标中排名前五的模型。

表 5.9　基于显著特征和全部特征的六种机器学习模型性能对比

性能指标	机器学习算法	K 折交叉验证		分层 K 折交叉验证	
		全特征 (47 个)	RFE-Top20 (17 个)	全特征 (47 个)	RFE-Top20 (17 个)
准确率	MLP	87.1	83.5	86.0	87.4
	SVM	86.7	86.7	90.1	90.1
	RF	91.6	92.1	91.3	91.9
	Bagging	92.4	92.1	91.8	90.4
	AdaBoost	91.8	91.8	90.2	89.6
	GBDT	93.2	93.2	91.6	90.7
精确率	MLP	68.5	54.4	68.8	71.9
	SVM	71.0	71.0	75.4	75.4
	RF	77.5	81.5	80.2	81.5
	Bagging	82.5	79.8	81.0	79.0
	AdaBoost	81.9	81.9	77.6	74.7
	GBDT	84.2	84.2	80.7	78.8
召回率	MLP	58.8	48.0	63.1	67.7
	SVM	70.8	70.8	73.4	73.4
	RF	80.0	80.8	79.5	80.9
	Bagging	82.9	81.4	80.0	77.5
	AdaBoost	80.5	80.5	77.3	73.3
	GBDT	84.3	84.3	80.4	78.6
F1 值	MLP	61.3	48.0	64.1	68.4
	SVM	65.2	67.7	72.1	72.1
	RF	76.4	77.8	77.8	79.6
	Bagging	80.1	78.0	79.0	76.5
	AdaBoost	78.6	78.4	77.3	71.9
	GBDT	81.9	81.9	78.7	77.0

续表

性能指标	机器学习算法	K 折交叉验证		分层 K 折交叉验证	
		全特征（47 个）	RFE-Top20（17 个）	全特征（47 个）	RFE-Top20（17 个）
AUROC	MLP	91.4	88.8	90.1	92.1
	SVM	94.8	94.8	95.4	95.3
	RF	95.9	95.8	96.1	95.9
	Bagging	95.7	94.9	94.1	94.5
	AdaBoost	93.4	93.5	91.9	91.7
	GBDT	96.2	95.9	95.1	95.1
AUPRC	MLP	76.6	68.9	75.1	77.7
	SVM	84.8	84.9	88.2	87.9
	RF	86.2	86.2	87.7	86.0
	Bagging	86.8	87.1	84.6	85.7
	AdaBoost	84.0	84.2	78.2	78.2
	GBDT	89.8	88.8	84.4	84.4

表 5.10　六项性能指标对分类模型的性能评估

性能指标	火灾风险数据集	
	模型	指标值/（%）
准确率	GBDT＋REF-Top20＋K 折交叉验证	93.2
	GBDT＋全特征＋K 折交叉验证	93.2
	Bagging＋全特征＋K 折交叉验证	92.4
	RF＋REF-Top20＋K 折交叉验证	92.1
	Bagging＋REF-Top20＋K 折交叉验证	92.1
精确率	GBDT＋REF-Top20＋K 折交叉验证	84.2
	GBDT＋全特征＋K 折交叉验证	84.2
	Bagging＋全特征＋K 折交叉验证	82.5
	AdaBoost＋REF-Top20＋K 折交叉验证	81.9
	AdaBoost＋全特征＋K 折交叉验证	81.9

续表

性能指标	火灾风险数据集	
	模型	指标值/(%)
召回率	GBDT＋REF-Top20＋K 折交叉验证	84.3
	GBDT＋全特征＋K 折交叉验证	84.3
	Bagging＋全特征＋K 折交叉验证	82.9
	Bagging＋REF-Top20＋K 折交叉验证	81.4
	RF＋REF-Top20＋分层 K 折交叉验证	80.9
F1 值	GBDT＋REF-Top20＋K 折交叉验证	81.9
	GBDT＋全特征＋K 折交叉验证	81.9
	Bagging＋全特征＋K 折交叉验证	80.1
	RF＋REF-Top20＋分层 K 折交叉验证	79.6
	Bagging＋全特征＋分层 K 折交叉验证	79.0
AUROC	GBDT＋全特征＋K 折交叉验证	96.2
	RF＋全特征＋分层 K 折交叉验证	96.1
	RF＋全特征＋K 折交叉验证	95.9
	GBDT＋REF-Top20＋K 折交叉验证	95.9
	RF＋REF-Top20＋分层 K 折交叉验证	95.9
AUPRC	GBDT＋全特征＋K 折交叉验证	89.8
	GBDT＋REF-Top20＋K 折交叉验证	88.8
	SVM＋全特征＋分层 K 折交叉验证	88.2
	SVM＋REF-Top20＋分层 K 折交叉验证	87.9
	RF＋全特征＋分层 K 折交叉验证	87.7

　　F1 值可以作为评价分类模型的指标,反映了分类模型的整体性能。通过 K 折交叉验证,使用全特征开发的模型的 F1 值在 61.3％到 81.9％ 之间,使用 REF-Top20 开发的模型的 F1 值范围为 48.0％～81.9％(见表 5.9)。基于 F1 值,通过 K 折交叉验证技术,使用 REF-Top20 开发的 GBDT 模型获得了最高的 F1 值(81.9％),该模型被确定为性能最佳的模型(见表 5.10)。

根据表 5.11，使用体育场馆消防安全风险数据集（体育场馆火灾风险数据集）进行评估，GBDT＋REF-Top20＋K 折交叉验证和 GBDT＋全特征＋K 折交叉验证均被确定为所有六项性能指标都排名前五的模型之一。同时，两个模型的频率比为 6：6。有两个使用 GBDT 开发的模型已成为此数据集的顶级模型，使 GBDT 成为本研究中性能最佳的机器学习算法。

表 5.11　在所有性能评估指标中出现在前五名的模型统计

数据集	模型	频率
体育场馆火灾风险数据集	GBDT＋REF-Top20＋K 折交叉验证	6
	GBDT＋全特征＋K 折交叉验证	6
	RF＋REF-Top20＋分层 K 折交叉验证	3
	Bagging＋全特征＋分层 K 折交叉验证	1
	Bagging＋全特征＋K 折交叉验证	4

图 5.8 展示了测试集上最佳性能模型预测的混淆矩阵。对于混淆矩阵，从对角线左上角到右下角的所有标签值都是正确分类的数据样本，其中每行（从左到右）的总和是该类在总样本中的数量。例如，在第三行中，有 41 个属于 Classes Ⅲ 的样本，引入 K 折交叉验证策略优化不均衡数据，GBDT 模型正确预测了 40 个（97.6%）。类似地，Classes Ⅳ 和 Classes Ⅴ 的正确预测准确率分别为 96.6% 和 90.9%。观察 Classes Ⅰ，模型表现并不理想，在 14 个样本被正确分类并且近三分之一的数据样本被错误分类到不同类别的情况下，它得到 60.9% 的准确率。显然，该模型对 Classes Ⅰ 过度拟合，意味着训练测试中 Classes Ⅰ 的样本数据不够。总体来看，GBDT 预测模型的分类效果良好，在一定程度上可以解决误分类问题。

AUC 值（包括 AUROC 和 AUPRC 值）也可以用于评估分类模型性能，因为该度量对于评估模型识别不同类别的能力是有用且信息丰富的。图 5.9 显示了六种机器学习算法分类模型的 ROC 曲线，其中大多数机器学习算法模型的 AUC 值均超过0.90，SVM 模型与 GBDT 模型的 AUC 值（0.94）最高，而 MLP 模型的 AUC 值（0.88）低于 0.90。整体来说，六种预测模型都相对

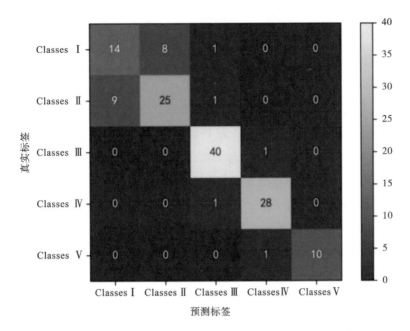

图 5.8　K 折交叉验证策略下使用显著特征 GBDT 预测模型的混淆矩阵

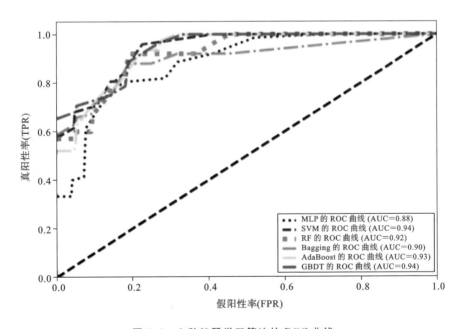

图 5.9　六种机器学习算法的 ROC 曲线

稳定、高效,并具有良好的泛化能力。

然而,ROC 曲线更多反映的是模型对正负样本的预测排序能力,并不涉及具体当前数据分布本身情况。即使数据样本的分布在改变,一个模型的 AUC 值也不会因此受到较大的影响,而是稳定趋于一个值。因此,除了评价当前模型选择的有效性外,还应结合当前所需预测的数据本身的分布性质,考虑模型对其的预测效果。于是引入了分类的 P-R 曲线来进一步评价算法对所应用场景的预测效果。图 5.10 展示了六种机器学习算法的 P-R 曲线,AdaBoost 获得最高的 AUC 值(0.78),其次是 SVM 模型(0.77),AUC 值最低的模型为 GBDT 模型(0.55)。结果可以看出,GBDT 模型在 P-R 曲线中实际预测效果并不理想,AdaBoost 与 SVM 模型在这种不均衡数据集下更加符合实际意义。如果有更多的真实可依赖的消防物联网数据,采用 AdaBoost 或 SVM 模型可能会大大地提高模型性能。

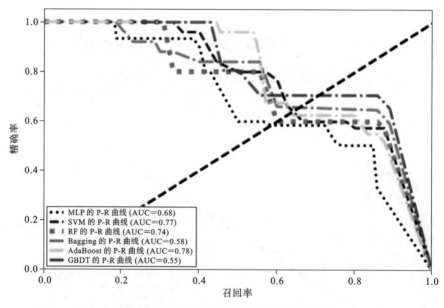

图 5.10 六种机器学习算法的 P-R 曲线

5.6.2 消防安全风险特征重要性可解释分析

1. 基于 Shapley 的体育场馆消防安全风险特征重要性分析

体育场馆消防安全风险评估的实验数据库由 176 个样本组成,其中有 29

个、68 个、43 个和 36 个样本分别分布在理想安全模式(ideal safety mode)、安全模式(safety mode)、临界模式(critical mode)、危险模式(hazardous mode)中,如表 5.12 所示。基于现有统计的影响因素,从 5 个方面(输入变量)对体育场馆消防安全风险的评估模式进行预测:BIS(建筑固有安全性)、SPM(消防安全人员管理)、FPBD(消防基础数据)、EM(消防设备管理)、HDM(隐患管理)。

表 5.12　体育场馆消防安全风险评估模式的分类

风险评估模式	风险取值/分	属性要求		
		隐患频率	火灾发生频率	人员伤亡/财产损失
理想安全模式	[90,100]	极低	极低	没有/没有
安全模式	[80,90)	低	低	没有/少量的
临界模式	[70,80)	中等	中等	部分/大量的
危险模式	[60,70)	极高	极高	部分/大量的

如图 5.11 所示,本研究中选择的随机森林模型对于训练集和测试集的准确率分别为 100% 和 83%。准确率是分类器正确预测样本的指标。注意,本研究并未评估随机森林模型对训练集和测试集的敏感性,也未讨论如何选择体育场馆消防安全风险评估模式和消防设备设施风险评估模式的最佳机器学习模型。本研究仅限于使用 SHAP(Shapley additive explanations)机器学习模型。该模型的性能通过混淆矩阵进行分析,混淆矩阵显示了观测与预测风险评估模式的情况。如图 5.11 所示,对角线元素表示预测正确的评估模式。模型评估的其他性能指标是精确率和召回率。模型正确分类的预测风险评估模式的百分比是精确率(图 5.11 中混淆矩阵的第五行)。机器学习模型正确建立的实际风险评估模式是召回率(图 5.11 中混淆矩阵的第五列)。由图 5.11 可知,该模型在识别危险模式时具有较高的精确率和召回率。

输入变量对体育场馆消防安全风险评估模式的随机森林模型预测的影响可以通过 SHAP 进行进一步探讨。图 5.12 所示为 5 个输入变量的全局重要性因子,以及全局重要性估算数据中每个特征的绝对 SHAP 值的平均值。输入变量按重要性排序,即平均 SHAP 值越高,输入变量越重要。此外,图 5.12 还表明了每个输入变量对理想安全模式、安全模式、临界模式、危险模式四种风险评估模式的重要性,为尚未探索的体育场馆消防安全风险评估模式预测提供了额

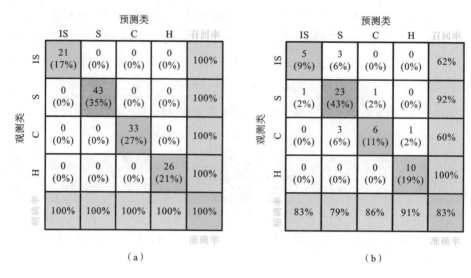

图 5.11　体育场馆消防安全风险评估随机森林分类器模型的混淆矩阵

（a）训练集；（b）测试集

IS：理想安全模式；S：安全模式；C：临界模式；H：危险模式

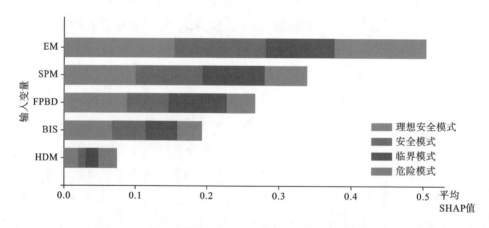

图 5.12　体育场馆消防安全风险各输入变量的重要性分析

外的见解。当前研究不仅有全局输出，也有单类别输出。根据全局输出，HDM最不重要，EM 最重要。

　　图 5.13 显示了输入变量对安全模式的预测图。SHAP 值能够将安全模式的预测值分解为每个输入变量的影响总和。预测的和实际的评估模式为安全模式。图 5.13 显示了这些因素对安全模式的实际贡献。在图 5.13 中，蓝色箭

头表示影响其他评估模式预测的变量,红色箭头表示将预测推至安全模式的变量。基值是属于特定类别的样本比例。例如,图5.13中的基值对应于安全模式的样本数量对整体样本数量的比例(即68/176)。换句话说,基值是没有输入变量信息时预测的安全模式的概率。安全模式预测的概率值低于 0.3492,表明可能会导致向发生火灾风险概率较大的其他评估模式(如危险模式)转变的趋势。然而,预测的安全模式概率为 0.74,表明安全模式的可能性偏高,即体育场馆处于稳定安全的状态。在图 5.13 中,安全模式预测概率受变量 EM 和 FPBD 影响。变量 FPBD(SHAP 值为 0.8387)是使安全模式成为随机森林模型预测趋势的最重要因素。

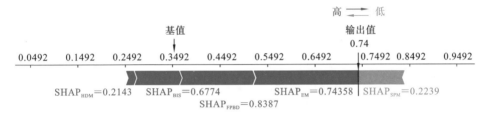

图 5.13　安全模式的可解释性分析图

输入变量对体育场馆消防安全风险评估模式的影响范围和分布情况可通过消防安全风险评估模式汇总图显示(见图 5.14)。图 5.14 中,波动图上的每个点都是输入变量和一个实例的 SHAP 值。y 轴为输入变量按重要性从上到下排序,每个点由输入变量的值从低(蓝色)到高(红色)着色。x 轴上的位置由 SHAP 值确定。密集程度(重叠点)表示数据集中点的分布,它表示 SHAP 值的选定范围。图 5.14(a)~(d)分别表示理想安全模式、安全模式、临界模式、危险模式样本分布,其中 EM 是决定体育场馆消防安全风险评估最重要的因素。如图 5.14(b)所示,EM 值越高,对应的 SHAP 值越大,对安全模式的影响越大。SPM、FPBD 和 BIS 是次重要关键因素,这三个关键因素的值增加会导致发展为安全模式的可能性增加。而 HDM 虽然最不显著,但随着其值的增大,倾向于降低发展为安全模式的可能性。另外,EM、SPM 和 FPBD 的低值增加了发展为临界模式以及危险模式的相关概率(见图 5.14(c)和(d))。EM、SPM、FPBD 和 BIS 的低值倾向于增加发展为临界模式或危险模式的概率(向风险不稳定状态转变)。然而,与安全模式类似,HDM 的值较高会降低发展为临界模

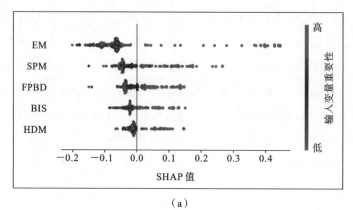

（a）

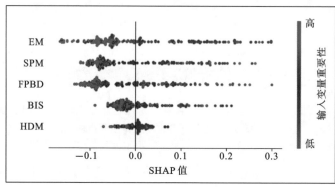

（b）

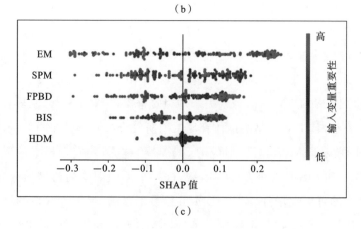

（c）

图 5.14　各种消防安全风险评估模式的汇总图

（a）理想安全模式；（b）安全模式；（c）临界模式；（d）危险模式

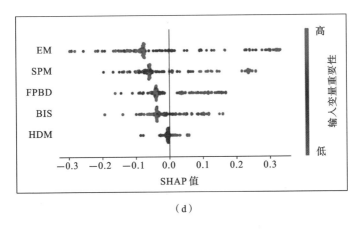

（d）

续图 5.14

式和危险模式的可能性。此外,图 5.14(a)显示,EM、SPM、FPBD 和 BIS 的高值倾向于增加发展为理想安全模式的可能性,这与安全模式相同。同时要注意,与安全模式相反,HDM 的高值倾向于增加发展为理想安全模式的可能性。如图 5.14(a)和(b)所示,HDM 的变化决定了评估模式是理想安全模式、安全模式。HDM 对理想安全模式、安全模式的影响存在明显差异。需要注意的是,通常很难识别临界模式和危险模式,需要一个广泛的数据库来确定临界模式和危险模式以及与其他评估模式之间的决策边界。由图 5.14 所得见解有助于领域专家规划实验研究,帮助建立临界模式和危险模式的边界或封闭形式的解决方案。

图 5.15 显示了安全模式的 SHAP 依赖性图,其中 SHAP 值随输入变量变化而变化。图 5.15 显示了一个或两个输入变量对随机森林分类器模型预测结果的边际效应,并可以显示风险评估模式和输入变量之间的关系是线性的、单调的还是更复杂的。图 5.15(b)显示了 EM 从 60 到 90 变化时对 SPM 的影响。红色值表示 EM 的高值,而蓝色表示其低值。当 SPM 高于 60 时,SPM 的 SHAP 值为正值。对于高值的 SPM 和 EM,SHAP 值极高。也就是说,SPM 和 EM 的高值导致发展为安全模式的概率较高。当 EM 值大于 70 且 SPM 值大于 60 时,EM 和 SPM 对安全模式预测有明显的影响趋势。

2. 基于 Shapley 的消防设备设施的特征重要性分析

消防设备管理是衡量体育场馆消防安全风险最重要的因素,对火灾风险的

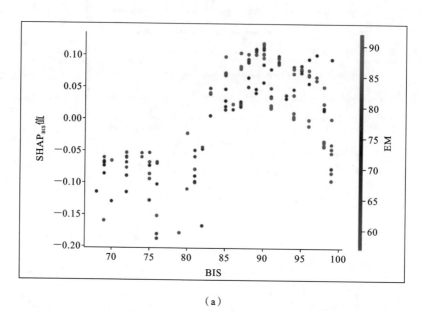

（a）

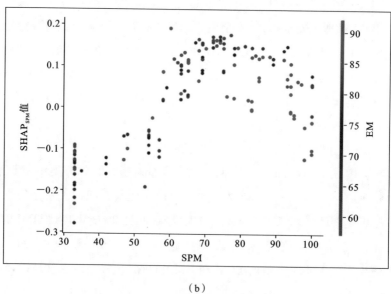

（b）

图 5.15　安全模式的 SHAP 依赖性图

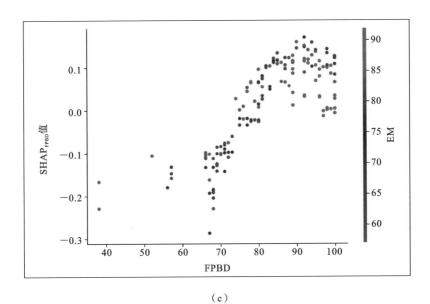

（c）

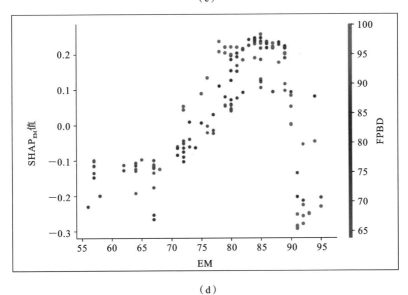

（d）

续图 5.15

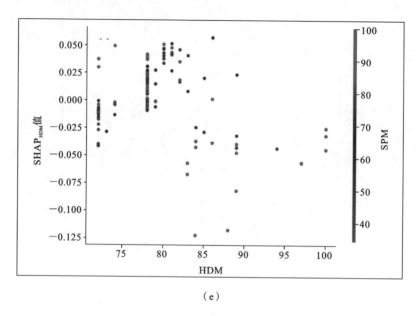

（e）

续图 5.15

增加有一定的促进影响。为了进一步研究影响体育场馆消防安全风险的变量，下面将探讨消防设备管理的输入变量对其影响，从而间接地揭示消防设备管理的输入变量与体育场馆消防安全风险的关系。本研究使用了一个实验数据库，该数据库由 289 个理想安全模式、安全模式、临界模式和危险模式的数据组成，其中，130 个理想安全模式数据，72 个安全模式数据，54 个临界模式数据，33 个危险模式数据。

如图 5.16 所示，RF 模型对训练集的准确率为 96%，对测试集的准确率为 84%。图 5.17 显示了识别 EM 各种评估模式时影响输入变量的重要因素。FPL（消防水池液位）是影响设备管理风险安全状态最重要的因素，其次是 FWTL（消防水箱液位）、FFHS（消防主机状态）和 Smoke_CCS（防排烟控制柜状态）。其他输入变量还包括 WPFH（最不利消火栓水压）、FSR-IR（防火闸门运行完整率）、Spray-CCS（烟控柜状态）、FDO-IR（防火门操作准确率）、FHP_CCS（禁烟电源连接状态）。此外，图 5.17 也显示输入变量的重要性随不同的风险评估模式变化的变化。

图 5.18 显示了输入变量对理想安全模式的预测图。尽管基准值为 0.4888，但随机森林模型预测采用理想安全模式的概率为 0.11（低于基准值）。

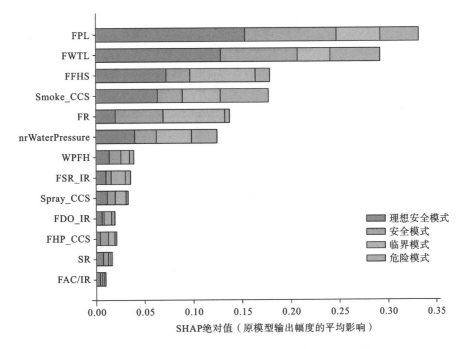

<table>
<tr><th colspan="6">预测类</th></tr>
</table>

		IS	S	C	H	召回率
观测类	IS	96 (48%)	3 (2%)	0 (0%)	0 (0%)	97%
	S	1 (0%)	48 (24%)	0 (0%)	0 (0%)	98%
	C	0 (0%)	1 (0%)	30 (15%)	4 (2%)	86%
	H	0 (0%)	0 (0%)	0 (0%)	19 (9%)	100%
	精确率	99%	92	100%	83%	96%

（a）

		IS	S	C	H	召回率
观测类	IS	26 (30%)	5 (6%)	0 (0%)	0 (0%)	84%
	S	3 (3%)	220 (23%)	1 (1%)	0 (0%)	83%
	C	0 (0%)	4 (5%)	13 (15%)	2 (2%)	68%
	H	0 (0%)	0 (0%)	0 (0%)	13 (15%)	100%
	精确率	90%	69%	93%	87%	84%

（b）

图 5.16　消防设备管理数据库的随机森林分类器模型的混淆矩阵

（a）训练集；（b）测试集

IS：理想安全模式；S：安全模式；C：临界模式；H：危险模式

图 5.17　消防设备管理数据库中各输入变量的重要性

各输入变量的单独贡献如图 5.18 所示,对应的 SHAP 值中 FFHS＝1、Smoke_CCS＝1、Spray_CCS＝1、FSR_IR＝1 和 FDO_IR＝1 是推动该预测模式概率上升的因素。

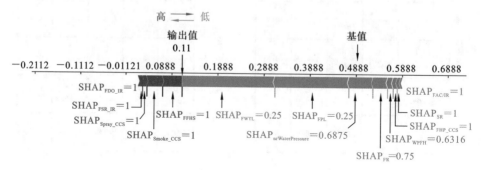

图 5.18   理想安全模式的可解释性分析图

图 5.19 显示了输入变量分布对各种风险评估模式的影响。结果表明,

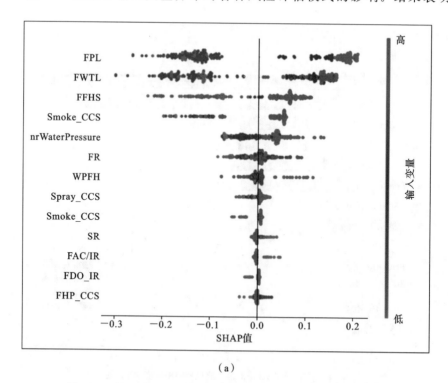

（a）

图 5.19   使用消防设备管理数据库的 4 种风险评估模式的汇总

（a）理想安全模式；（b）安全模式；（c）临界模式；（d）危险模式

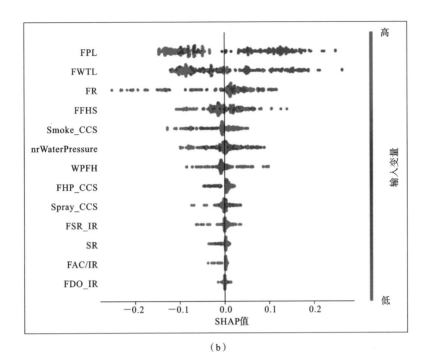

（b）

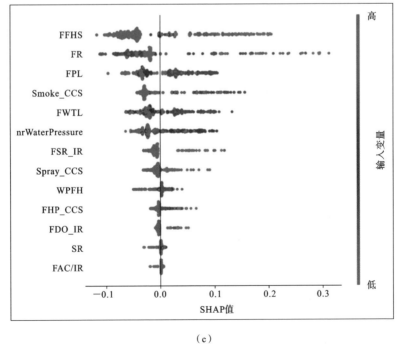

（c）

续图 5.19

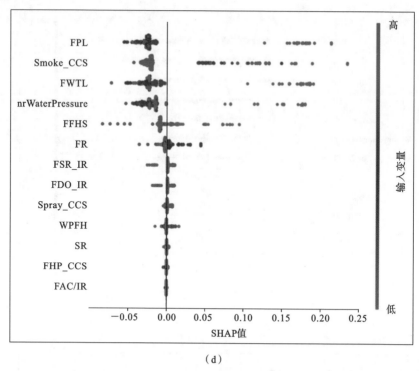

(d)

续图 5.19

FPL 值的增加导致理想安全模式的 SHAP 值及发展为此模式的相关概率更高。变量 FPL 对除临界模式以外的风险评估模式具有最显著的影响。如果 FPL 的 SHAP 值高于 0.2,则发展为理想安全模式的概率高于发展为其他风险评估模式的概率。图 5.19 还显示了不同风险评估模式下各种输入变量的重要性。FFHS 对于临界模式最为重要,并且 FFHS 高值降低了临界模式的敏感性。FDO_IR 和 FAC/IR 对理想安全模式和安全模式影响较小。FHP_CCS、SR 和 FAC/IR 对危险模式的影响较小。正如预期,Smoke_CCS 对危险模式有严重影响。

图 5.20 展示了各种输入变量相关函数的消防设备管理数据库在理想安全模式下的 SHAP 依赖性图。如图 5.20(a)所示,当 FFHS 大于 70 时,SHAP 为正值,表明发展为理想安全模式的概率随着 FFHS 超过 70 而增加。同时,当 FR 大于 70 且 FPL 大于 80 时,相关的 SHAP 值和理想安全模式概率会增加(见图 5.20(b))。如图 5.20(c)和(d)所示,随着 SR 和 FAC/IR 的变化,SHAP

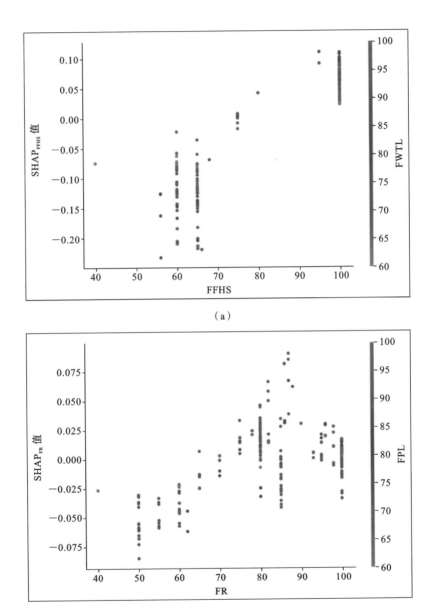

（a）

（b）

图 5.20   使用消防设备管理数据库的理想安全模式的 SHAP 依赖性图

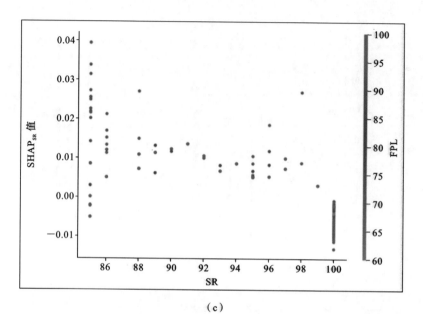

（c）

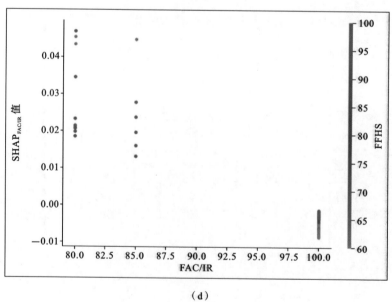

（d）

续图 5.20

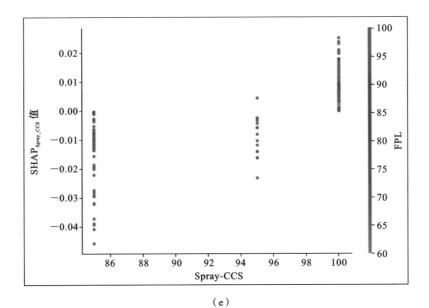

（e）

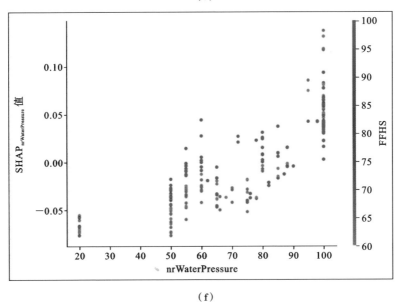

（f）

续图 5.20

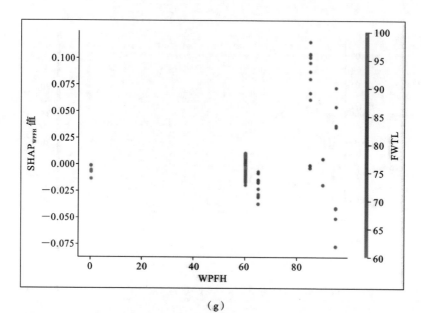

（g）

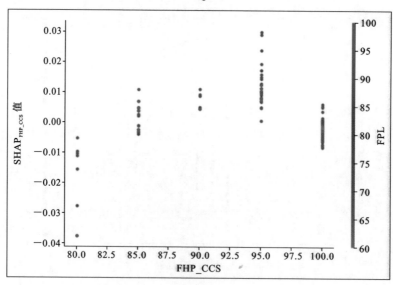

（h）

续图 5.20

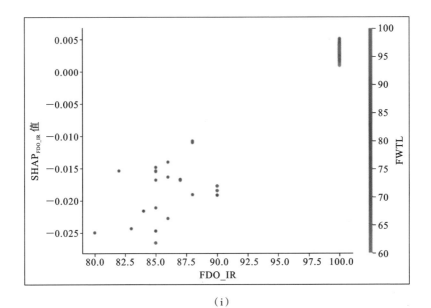

（i）

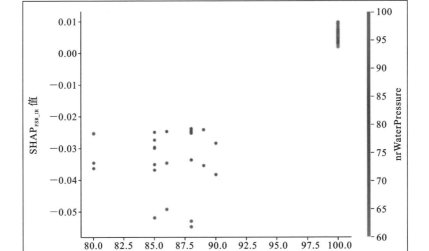

（j）

续图 5.20

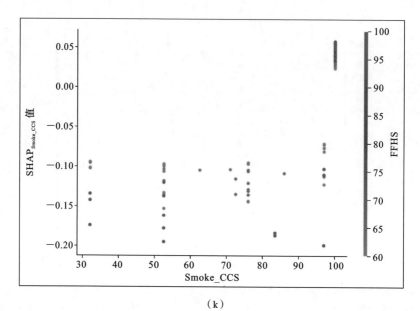

（k）

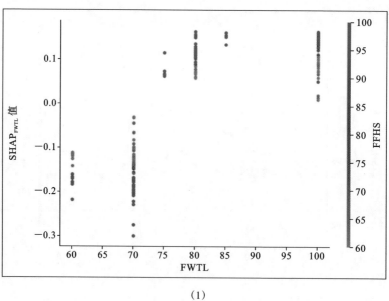

（l）

续图 5.20

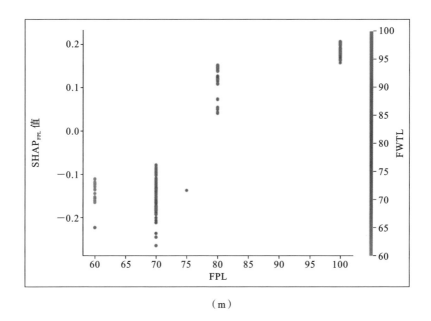

（m）

续图 5.20

值没有清晰的变化趋势。类似的结论适用于 nrWaterPressure、WPFH 和 Smoke_CCS 因素。

5.7　本章小结

本章重点研究了机器学习算法在动态消防安全风险建模中的应用。

（1）针对大数据背景下物联网监测信息过量问题,建立了基于建筑信息、消防物联网信息和消防管理信息的全特征体育场馆火灾风险数据集;通过数据清洗、数据插值、数据缩尾等数据增强方法处理噪声数据;运用递归特征消除和皮尔逊相关分析进行指标筛选与优化,发现 35 个全特征指标中有 16 个显著特征蕴含的信息量最大,其分类准确率达到 0.80;构建了可信任的体育场馆火灾风险数据集。

（2）针对如何提高大数据背景下动态消防安全风险预测模型效率和准确率的问题，提出了一种结合 K 折交叉验证策略的梯度提升决策树的不均衡分类集成模型，并与多层感知机、支持向量机、随机森林、AdaBoost、Bagging 5 种模型进行了针对全特征和显著特征的 12 种工况下的对比实验。结果表明，所提出的模型具有最优的预测性能，其模型预测准确率为 0.932，精准率为 0.842，召回率为 0.843，F1 值为 0.819，AUC 值为 0.94。

（3）针对体育场馆动态消防安全风险对关键因子的响应特征不明确问题，建立了可解释 SHAP 策略的随机森林模型，针对高、中、低和极低 4 种体育场馆火灾风险类别进行特征重要性分析。发现在高、低和极低风险类别下，全局特征重要性排序为依次为消防设施设备＞消防人员管理＞建筑消防基础数据，在中风险类别下，前三者没有显著差异，但远高于建筑固有安全性和隐患管理。同理，对全局重要性最高的消防设备管理开展了局部特征重要性分析，揭示了体育场馆动态消防安全风险对关键因素的响应特征，为体育场馆火灾风险精准防控提供了科学依据。

本章参考文献

[1] 赵彰. 机器学习研究范式的哲学基础及其可解释性问题[D]. 上海：上海社会科学院，2018.

[2] 张润，王永滨. 机器学习及其算法和发展研究[J]. 中国传媒大学学报（自然科学版），2016，23（2）：10-18，24.

[3] 邓建国，张素兰，张继福，等. 监督学习中的损失函数及应用研究[J]. 大数据，2020，6（1）：60-80.

[4] 焦李成，杨淑媛，刘芳，等. 神经网络七十年：回顾与展望[J]. 计算机学报，2016，39（8）：1697-1716.

[5] 张耀中，胡小方，周跃，等. 基于多层忆阻脉冲神经网络的强化学习及应用[J]. 自动化学报，2019，45（8）：1536-1547.

[6] 马骋乾，谢伟，孙伟杰. 强化学习研究综述[J]. 指挥控制与仿真，2018，40（6）：68-72.

[7] 杨剑锋,乔佩蕊,李永梅,等. 机器学习分类问题及算法研究综述[J]. 统计与决策,2019(6):36-40.

[8] 任中杰,李思成,王晖晖. 基于机器学习的高层建筑火灾风险评估[J]. 消防科学与技术,2018,37(11):1471-1474.

[9] SYED M ZEESHAN S. 基于半监督机器学习方法的火灾风险遥感评估研究[D]. 北京:中国科学院大学(中国科学院遥感与数字地球研究所),2017.

[10] 高建勋. 城市区域火灾特性及消防站布局优化研究[D]. 西安:西安科技大学,2020.

[11] 朱亚明. 基于大数据的建筑火灾风险预测[J]. 消防科学与技术,2017,36(7):1011-1013.

[12] 孟毅,贺戡. 基于城市信息大数据的建筑火灾预测模型分析[J]. 卫星应用,2017(12):55-57.

[13] SAKAR C O, POLAT S O, KATIRCIOGLU M, et al. Real-time prediction of online shoppers' purchasing intention using multilayer perceptron and LSTM recurrent neural networks[J]. Neural Computing and Applications,2019,31(10):6893-6908.

[14] SZCZEPAŃSKI D. Multilayer perceptron for gait type classification based on inertial sensors data[J]. Annals of Computer Science and Information Systems,2016,8:947-950.

[15] VINOTHINI A,KRUTHIGA L,MONISHA U. Prediction of flash flood using rainfall by MLP classifier[J]. International Journal of Recent Technology and Engineering (IJRTE),2020,9(1):425-429.

[16] PAHUJA R, KUMAR A. Sound-spectrogram based automatic bird species recognition using MLP classifier[J]. Applied Acoustics,2021,180:108077.

[17] BREIMAN L. Bagging predictors[J]. Machine Learning,1996,24(2):123-140.

[18] 赵冬梅,谢家康,王闯,等. 基于 Bagging 集成学习的电力系统暂态稳定在线评估[J]. 电力系统保护与控制,2022,50(8):1-10.

[19] XU X, LIN M K, XU T T. Epilepsy seizures prediction based on

nonlinear features of EEG signal and gradient boosting decision tree[J]. International Journal of Environmental Research and Public Health, 2022,19(18):11326.

[20] 段力伟,冉松民,陈瑞雪,等.基于梯度提升决策树的城市轨道交通网络运营态势综合评估方法[J].城市轨道交通研究,2022,25(8):32-35.

[21] CHEN B H,FAN Y L,LAN W Y,et al. Fuzzy support vector machine with graph for classifying imbalanced datasets[J]. Neurocomputing, 2022,514:296-312.

[22] RWIBASIRA M,SUCHITHRA R. ADOBSVM:anomaly detection on block chain using support vector machine[J]. Measurement:Sensors, 2022,24(1):100503.

[23] FUSHIKI T. Estimation of prediction error by using K-fold cross-validation[J]. Statistics and Computing,2011,21(2):137-146.

[24] WONG T T,YEH P Y. Reliable accuracy estimates from K-fold cross-validation[J]. IEEE Transactions on Knowledge and Data Engineering, 2020,32(8):1586-1594.

赛事活动安保工作具有任务重、责任大等特点。如何在风险可控、经济成本合理的情况下,科学有效地配置安保力量,是一个值得研究的问题。本章将剖析赛事活动安保力量配置机制,研究影响赛事活动安保人数配置的因素,建立基于 BP 神经网络的安保力量配置预测模型,提出配置实例。

6.1 赛事活动安保力量配置机制

安保力量是指负责维护安全、保障秩序和捍卫法律的一支专业队伍。这支队伍可以由政府、企事业单位、社区等机构组建,其工作范围涵盖了公共安全、消防安全、反恐防暴、保卫重要场所和设施等多个领域。安保力量包括保安员、警察、消防员、特种警察、武装巡逻队等,这些人员通常需要经过专业培训和考核,并获得相应资格证书[1,2]。

各类赛事活动期间的安保力量是有效排查火灾隐患、筛查危险人员、防控危险因素的重要保障,且一旦发生火灾,安保人员也承担着人员疏散的重要任务,可有效地保护受灾人员,减少受灾人数,为消防队员的到来争取时间,对减少火灾所带来的损失有一定的作用。因此,各类赛事活动的安保力量责任重大、任务繁重。而如何在有限的经济成本内有效地配置安保力量,是一个值得研究的问题。本章将围绕各类赛事活动的安保人数配置,研究影响赛事活动安保人数配置的因素,并利用BP神经网络建立安保力量配置的预测模型。

6.1.1 一般赛事

1. 消防安全风险点

一般赛事活动的消防安全风险点主要体现在以下方面[3]:一是建筑物的耐火等级,一般赛事活动多在体育场馆和会展中心等地点举办,这些建筑多为大跨度钢结构建筑,钢结构构件在火灾的高温条件下容易受热变形而导致坍塌,所以建筑物所使用的钢材耐火等级将影响建筑物内部发生火灾的概率和火灾发生的严重程度;二是场馆内人员密集,疏散距离长,人员一般专注于赛事活动,当发生火灾时容易恐慌,从而导致踩踏等次生灾害发生;三是装修材料多样,场馆为了造型美观,难免使用一些可燃材料,存在一定的火灾安全隐患;四是火灾早期探测和应急响应滞后,体育场馆和会展中心等建筑空间高大,火灾初期的烟气难以及时准确地被探测到,以及从探测到火情到启动消防应急响应难免存在延时,也就导致了火灾范围扩大;五是一些体育场馆和会场为提高场地利用率,在建筑设计初期对防火分区的设置不符合规定或在建筑使用期间违规改动防火分区,如拆除防火墙、防火卷帘等,导致在发生火灾时火势未被阻隔,且迅速蔓延。因此,赛事活动消防安保工作的容错率极低,往往以不冒烟、不起火作为任务成功的判定标准。

2. 安保力量配置

1)组织机构

成立组织机构,明确力量组成。一般赛事多在单一场馆举行,应成立由指挥长、副指挥长、出入口控制组、观众管理组、后勤保障组、突发事件应急队伍组成的安保人员队伍,负责赛事消防安保工作的组织实施。图6.1所示为某一般赛事安保工作。

指挥长由属地消防救援大队负责人担任,主要负责组织建立安保团队,领导各组制定场馆消防安保方案,对接公安机关、赛事主办方,组织开展场馆工作人员、志愿者及其他安保力量的消防业务培训。

图 6.1　某一般赛事安保工作[4]

　　副指挥长由场馆消防安全管理人,即副馆长或安保部门负责人担任,主要负责场馆的消防安全管理,落实场馆的消防措施和规范化建设,制定防范措施,管控重点部位,组织场馆员工开展消防培训、消防巡查,消除火灾隐患。

　　出入口控制组根据活动规模和入口/出口数量,配置足够的安保人员进行人员和物品的安全检查,并维持秩序。

　　观众管理组分为观众引导组和紧急疏散组,观众引导组负责根据活动场地和座位分布,配置一定数量的观众管理人员,引导观众就座、维持秩序和解答观众问题;紧急疏散组负责指导观众在紧急情况下的疏散,确保观众的安全。

　　后勤保障组分为财产保护组和技术设备保障组,财产保护组负责监督和保护贵重物品,确保财产安全;技术设备保障组负责对活动现场的安全监控、通信设备和其他技术设备进行保障和维护,确保设备正常运行。

　　突发事件应急队伍分为医疗救援组和火灾安全组,医疗救援组配置一定数量的医疗救援人员和急救设备,以应对突发疾病、伤害等紧急医疗情况;火灾安全组配置一定数量的消防人员和设备,以确保场馆安全和应对突发火灾事件。

2）工作制度

建立工作制度,明确安保重点。安保团队领导小组要建立"一日两会"、防火检查、安保巡查以及"一馆两档"等工作制度,并将制度上墙公示,确保消防安保工作规范有序开展。

"一日两会"制度:安保团队领导小组每日固定召开一次晨会,部署全天安保任务,一次讲评会总结当日工作情况和研判次日工作重点。

防火检查制度:安保团队领导小组要确定防火检查重点区域,明确专人定岗定责,定期开展对消防安全重点部位的巡查检查。

安保巡查制度:安保团队领导小组应该安排由安保人员、消防专员、维保人员组成的安保巡查小组,定期进行场馆巡查,对场馆的人员安全、设备安全等进行全面巡查,确保赛事活动的安全进行。

"一馆两档"制度:建立以防火档案、灭火救援档案为主的安保档案台账,台账应包括固定消防设施年度检测报告,"满负荷全启动"的电气检测报告,油烟道清洗报告,消防培训、应急疏散演练记录,以及配电间、强弱电间等部位的详细档案。

6.1.2 大型赛事

1. 消防安全风险点

大型赛事一般为国际性、全国性的大型体育活动,如奥运会、亚运会、冬奥会等,相对于一般赛事,它具有参赛人数多、场馆数多、时间跨度长的特点[5]。大型赛事的消防安全风险点大体上与一般赛事相同,但是大型赛事规模更大、人流量更大、持续时间更久,意味着其可能导致火灾的不稳定因素更多,火灾造成的后果更为严重,火灾防控更为困难。

2. 安保力量配置

大型赛事的安保力量配置,相对于一般赛事而言,不仅仅是从单一场馆到场馆群的简单叠加,而且需要通过点、线、面交叉管控,各部门协同配置形成的安保力量网[6]。根据中国安保网,举行大型活动时,每1000名嘉宾应配备50名安保人员,那么30000人的活动应该配备1500名安保人员,所以活动的安保人数配备比例是 20∶1。这个比例只是一个参考值,具体配置受到赛事规模、观众人数、城市安全水平、国家和当地政府财政预算等多因素的影响,因此历届大型赛事的安保人数配置规模并未呈现出明显的规律性。例如,2019 年某大型国际性赛事涉及 35 个场馆,参赛人数近万人,场馆观众约 60000 人,安保任务非常艰巨。为确保赛事安保任务顺利完成,该市构建了包括警察、士兵、安保人员等数万人的安保力量体系。此外,还使用了各类安保设备和技术,如安检设备、监控摄像头等,以确保比赛期间的安全。图 6.2 为某大型国际赛事安保工作。

图 6.2　某大型国际赛事安保工作[7]

6.2　赛事活动安保力量配置模型

6.2.1　赛事活动安保力量配置的影响因素分析

1. 一般赛事活动安保力量配置影响因素分析

各类活动、各类赛事虽然规模不同、性质不同、场地不同,但是其安保力量配置的影响因素却有着相同点。诸如参赛人数、观众人数、场地面积、当地的财政经济水平等,都是必须考虑的因素。

一般赛事活动安保力量配置的影响因素,应当从以下几点考虑:人的因素、场地因素、经济因素、社会环境因素。

1)人的因素

若是体育赛事等活动,因为人的流动性相对低,从开赛到赛事结束,人的数量基本不变,所以人的因素可以从参赛人数和观赛人数两方面考虑。参赛人数的规模和观赛人数的规模都将影响安保人数的配置,理论上来讲,参赛人数多,则安保人数需要增多,观赛人数多也应如此。参赛人数和观赛人数的总和为总人数,总人数的规模直接影响着安保力量的规模。若是其他诸如展销会、展览会、博览会等活动,参与的人员流动量较大,人数的计算就相对困难,若是计算持续时间内的总人数则人数会过多,因此可以考虑某个时间段的人数,或者计算一个平均值。这个平均值便是影响安保力量配置的因素之一。

2)场地因素

场地因素,首先主要考虑场地的大小,即面积。从理论上来讲,当面积大时,相对应的不安全因素就多,不确定因素也多,因此应当配置更多的安保人员。其次还要考虑场地的封闭性,如若场地较为封闭,可在人流量密集的进出口、观众席等地方配置较多安保人员,其他区域配置较少安保人员;当场地不封闭且较为空旷时,其实际面积往往比活动预测范围面积要大,理应配置更多的安保人员,且人员设置应相对分散。

3)经济因素

经济因素是影响安保力量配置的又一重要因素。比较直观的是,当一个地区经济相对发达时,安保公司数量也较多,安保力量相对较强,在活动中配置的安保人数也会较多,反之,则安保人数配置得较少。然而,当一个地区经济较为发达时,其犯罪率就相对较低,安全指数较高,这在一定程度上会造成配置的安保人员减少[8]。

4)社会环境因素

社会环境对一个地区的人的性格、价值观、做事风格有着重要的影响,如某些地区由于历史和文化原因,民风彪悍,尚武好斗,则该地区犯罪率必然相对其他地区高。在这样的地区举办活动，必定需要配置更多安保人员以维持安稳的秩序和保障活动的正常举行。所以社会环境因素也是影响安保力量配置的重要因素。

安保力量配置的影响因素较多，且这些因素与安保力量配置之间不是简单的线性关系，必须要建立合适的预测模型才能找到隐藏在它们之间的微妙关系。

2. 大型赛事安保力量配置影响因素分析

大型赛事相对于一般赛事而言，规模更大，持续时间更长，参与人数、观赛人数更多，其中存在的不确定、不安全因素也更多，因此大型赛事的安保力量配置影响因素应该较一般赛事考虑得更多。在大型赛事安保的各类研究中，国内外各学者也做了很多探索，如刘亚云等人提到了参赛国或地区、参赛运动员人数都会影响赛事的整体经费开支，尤其是提升赛事成本，包括安保方面人力、物力、财力的配置[9]。Jamie 等人提及现代体育场作为一个观景台，安全问题必然是巨大隐患，21 世纪针对恐怖主义的安保措施更为重要，对每一场赛事都需要进行必要的监督和火灾防控[10]。Ann 指出特定的群体（种族主义分子、恐怖分子等）也是安保防护要针对的重要目标之一，他们通常利用大型赛事进行相关的异端活动以制造恐慌[11]。陈元欣等人提出观赛人数对安保规模的投入具有巨大的影响[12]。梁媛等人运用 BP 神经网络建立了参赛人数、参赛国家数、犯罪指数这三个因素和安保人数之间的预测模型[13]。综合这些国内外学者的研究结论可以得出，参赛国和地区数、参赛人数、观赛人数以及恐怖主义等是考虑安保人数配置时的必要因素，而除此之外，对于其他因素的考虑有所欠缺。参赛人数、参赛国家数、观赛人数等都反映了赛事活动的规模，赛事活动规模必然与安保人数配置有着强相关性；若举办地的恐怖活动发生率较高，则在赛事活动举办期间，必然要投入更多的安保力量以维持赛事活动的正常进行，如2016 年巴西里约热内卢奥运会，巴西国防部抽调 21000 名士兵参与安保工作，就是由于该城市历年犯罪率和恐怖活动发生率都较高。然而，安保力量配置也是赛事投入成本之一，过量的安保力量配置必然引起财政的浪费以及预算的紧张，在预算一定的前提下，赛事其他成本的投入过大，必然会侵吞安保投入成本，而若想其他必要成本和安保投入成本都有所保障，则必然要提高总预算成本,而总预算成本关系到该举办国的国力、该国政府的财政收入。另外,举办国政府对安保的重视程度以及最后安保经费是否有被相关部门挪用、私藏、侵吞等都与安保力量的最终配置有关。除此之外,还有很多可能与安保人数配置相关的因素,但是这些因素难以量化且影响较小,因而难以确定它们之间的具体关系,则不予考虑。

综上所述,大型赛事活动的安保力量配置需从规模、举办地社会安全水平、举办地社会经济水平等方面考虑。

6.2.2 人工神经网络对于安保力量配置预测的适用性

1. 人工神经网络的基础理论

1) 人工神经网络简介

人工神经网络(简称神经网络)是神经科学家受到人类大脑接收信息、处理信息和产生意识、知识、情感的机制所启发,建立的一种模仿大脑神经系统的数学模型。在机器学习领域,人工神经网络是指由很多人工神经元构成的网络结构模型,其中人工神经元之间的连接强度是可学习的参数。

由于人工神经网络是模拟人脑的神经网络设计出来的一种数学计算模型,因此它与人脑的神经网络有着相似的结构、原理和功能。人工神经网络中的神经元与生物神经元类似,通过输入神经元、隐含层神经元和输出层神经元之间的联结,来对数据之间的复杂关系进行建模。相同节点之间的连接被赋予了不同的权重,每个权重代表了一个节点对另一个节点的影响。每个节点代表一种特定函数,来自其他节点的数据经过其相应的权重综合计算,输入一个激活函数中,并得到一个新的活性值(兴奋或抑制)。从系统观点看,人工神经网络是由大量神经元通过相互之间复杂却有一定规则的联结构成的自适应非线性动态系统。

2) 国内外研究现状

国外的人工神经网络研究开始较早,从 20 世纪 40 年代起发展至今,目前已较为成熟完备,其发展大致可分为五个阶段。

第一阶段:1943—1969 年,神经网络的兴起。1943 年,心理学家 Warren McCulloch 和数学家 Walter Pitts 提出了一种基于简单逻辑运算的人工神经网络(这种神经网络模型称为 MP 模型),由此拉开了人工神经网络研究的序幕。1948 年,Alan Turing 提出了一种"B 型图灵机","B 型图灵机"可以基于 Hebbian 规则来学习。1951 年,McCulloch 和 Pitts 的学生 Marvin Minsky 建造了第一台神经网络机 SNARC。1958 年,Rosenblatt 提出了一种可以模拟人类感知能力的人工神经网络模型,称为感知器(perceptron),并提出了一种接近于人类学习过程(迭代、试错)的学习算法。

第二阶段:1969—1983 年,该时期是神经网络发展的第一个停滞期。在此期间,神经网络研究未取得任何实质性、战略性的进展。

第三阶段:1983—1995 年,神经网络的发展迎来了第二个高潮期,这主要是因为反向传播算法的提出,使得神经网络的研究在长达近十五年的停滞期后实现了突破。20 世纪 80 年代中期,随着分布式并行处理(distributed parallel processing,DPP)模型的发明,反向传播算法也逐渐成为 DPP 模型的主要学习算法。而反向传播算法的提出,也引发了科学家对先前神经网络中一直存在着的"异或"回路问题的新思考。1989 年,LeCun 等人将反向传播算法引入了卷积神经网络,并在手写体数字识别问题上取得了很大的成功。反向传播算法也是迄今为止最成功的神经网络学习算法。

第四个阶段:1995—2006 年,在此期间,支持向量机和其他更简单的方法(例如线性分类器)在机器学习领域的流行度逐渐超过了神经网络。随着研究的深入,所研究的问题也越来越复杂,使用神经网络研究时神经元数目、神经元层数也越来越多,构建的神经网络也越来越复杂。虽然神经网络可以很容易地增加神经元层数、神经元数量,从而构建复杂的网络,但其计算复杂度也会随之增长,而当时的计算机性能和数据规模不足以支持大规模神经网络的训练。在 20 世纪 90 年代中期,新发展起来的统计学习理论和以支持向量机为代表的机器学习模型相对于神经网络而言更加简洁,人们偏向于使用前者,这就使得神经网络的使用和发展受到了限制,进入了第二个低潮期[14]。

第五阶段:2006 年至今,随着深度学习领域的发展,深度神经网络在语音识别和图像分类等问题上取得了重大发展,并且随着计算机行业的不断发展,计算机水平越来越先进,性能越来越强,计算能力越来越强,神经网络在机器学习中更是如虎添翼,从而发展得非常完善和成熟。

从 1986 年开始,我国先后召开了多次非正式的神经网络研讨会。1990

年 12 月首届神经网络学术大会在北京召开,此次大会开创了中国人工神经网络及神经科学方面的研究新纪元[15],此后我国每年召开一次神经网络学术大会。1991 年中国神经网络学会在南京成立了。1994 年,廖晓昕关于细胞神经网络的数学理论与基础的提出,为这个领域带来了新的进展。通过拓展神经网络的激活函数,更一般的时滞细胞神经网络(DCNN)、Hopfield 神经网络(HNN)、双向联想记忆网络(BAM)模型先后被开发出来。经过十几年的发展,中国在人工神经网络方面的研究发展迅速,学术界和工程界在人工神经网络的理论研究与实际运用方面都取得了丰硕的成果,神经网络也在各类研究领域应用广泛。

2. 人工神经网络对于安保力量配置预测的适用性分析

1)赛事活动安保力量配置建模需要解决的问题

赛事活动安保力量建模所要解决的核心问题是找到安保力量与其影响因素对应的数学模型,运用建立的数学模型对今后举办赛事活动的安保力量进行预测。围绕这个核心问题,首先需要运用各类方法(如运用头脑风暴法、德尔菲法、专家调查法等)尽可能全面地找出对安保力量造成影响的因素,并结合过往的经验,确定可能影响安保力量配置的因素,并进行数据收集及数据处理,再进行下一步的验证。这些确定的影响因素,只是一个初步猜想,至于这些影响因素与安保人数配置是否真的有关联以及关联的强度如何,需要进行进一步的验证,而验证的方法就是将收集的数据输入某个数学模型,观察最终结果的拟合情况,观察哪些数据代入后的最终拟合结果最优,则将最优拟合结果对应的数据确定为最后的预测模型所需要收集的基础数据,该预测模型作为安保力量配置的概率预测模型也是相对可靠的。

2)各类预测模型的优点、缺点

基于不同机器学习算法的预测模型种类很多,且各有各的特点以及适用性。如前文所述,机器学习算法包括支持向量机算法、随机森林算法、Logistic回归分析算法、人工神经网络算法[16,17]等,不同的机器学习算法有着不同的优缺点。

(1)支持向量机算法。

优点:当样本量较小时,采用支持向量机算法可以避免过度拟合。除此之外,使用支持向量机算法构建的预测模型具有较好的泛化能力[18]。

缺点:对大规模训练样本的学习通常难以进行;在参数和核函数的选取方面,目前比较成熟的核函数及其参数的选择都是通过专家经验人为选取的,带有一定的主观性。

(2)随机森林算法。

优点:随机森林算法中包含多个决策树,预测结果综合了多个决策树的分类结果,使得最终结果更为可靠。同时随机森林算法对数据缺省值的处理方式较好,具有较高的分类精度。

缺点:随机森林算法在解决回归问题时,由于它并不能给出一个连续的输出,因此表现并不是很好;对于小数据或者数据量不足的情况,不能产生很好的分类。

(3)Logistic 回归分析算法。

优点:实现简单,应用广泛;分类时计算量非常小,速度很快。

缺点:准确率不高,容易欠拟合;不能很好地处理大量多类特征或变量;对于非线性特征需要进行转换。

(4)人工神经网络算法。

优点:可以充分逼近任意复杂的非线性关系,容错性好;支持的运算量大,且运算速度较快;模型学习能力强,可学习和自适应不知道或不确定的系统;能够同时处理定量、定性知识。

缺点:需要训练才能运行;具有"黑盒子"性质;对于大型神经网络,其计算时间较长。

3)适用性分析

近年来,神经网络在机器学习领域中的热度一直很高,究其原因主要还是其相较于其他传统机器学习算法具有以下优点:数据容量大、计算能力强、函数多、自适应能力强、预测精确率高且易于被人接受和理解。并且在大多数情况下,人们是不知道预测目标和因素之间的复杂函数关系的,而神经网络可以做到代替函数预测。在本研究中,预测目标安保人数和各类因素之间的关系是未知的,因此不可能知道它们之间的函数关系,更不可能用单纯的线性或非线性函数来描述它们之间的关系,而利用神经网络则可以验证它们之间的关系,因为研究表明,一个具有三阶隐含层的结构和一定数量神经元的神经网络能以任意精度逼近任意函数[19]。如果预期结果与实际结果偏离不大,则表明验证成功,并且可以继续用该神经网络进行预测。

6.2.3 基于 BP 神经网络的安保力量配置模型构建

1. BP 神经网络

BP(back propagation)神经网络是以 Rumelhart 和 McClelland 为首的学者所提出的一种神经网络模型,它是一种前馈式反向传递误差,并调整权重的神经网络[20,21]。该神经网络模型可以根据逆向传播算法进行训练反馈,减小模型误差。BP 神经网络模型有三层结构,分别为输入层、隐含层和输出层,其结构图如图 6.3 所示。

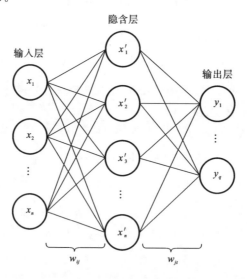

图 6.3 BP 神经网络结构图

2. BP 神经网络的基本原理

输入信号 X_k 通过中间节点(隐含层节点)作用于输出节点,经过非线性变换,产生输出信号 Y_k,网络训练的每个样本包括输入向量 $X = \begin{bmatrix} x_1 & x_2 & \cdots & x_n \end{bmatrix}$ 和期望输出量 P,网络输出值 $Y = \begin{bmatrix} y_1 & y_2 & \cdots & y_q \end{bmatrix}$ 与期望输出值 P 之间的偏差,通过调整输入节点与中间节点的连接强度取值 w_{ij} 和中间节点与输出节点之间的连接强度取值 w_{jt} 以及阈值,使误差沿梯度方向下降,经过反复学习训练,确定与最小误差相对应的权值和阈值,训练即停止。此时经过训练的神经网络即能自行处理类似样本的输入信息,输出误差最小的经过非线性转换的信息,从而实现预测的功能[22,23]。具体的公式推导如下。这个过程输入向量和输出向量 $\boldsymbol{X}_k$、$\boldsymbol{Y}_k$ 分别为

$$\boldsymbol{X}_k = \begin{bmatrix} x_1^k & x_2^k & \cdots & x_n^k \end{bmatrix} \tag{6-1}$$

$$\boldsymbol{Y}_k = \begin{bmatrix} y_1^k & y_2^k & \cdots & y_q^k \end{bmatrix} \tag{6-2}$$

计算隐含层各个神经元的激活值 S:

$$S_j = \sum_{i=1}^{n} (w_{ij} x_i) - \theta_j \tag{6-3}$$

式中:w_{ij}——输入层和隐含层之间的连接权值;

θ_j——隐含层神经元的阈值。

激活函数是 S 型函数,即

$$f(x) = \frac{1}{1 + \exp(-x)} \tag{6-4}$$

计算隐含层 j 单元的输出值。将式(6-3)代入式(6-4),可得隐含层 j 单元的输出值:

$$b_j = f(s_j) = \frac{1}{1 + \exp\left[-\sum_{i=1}^{n} (w_j x_i) + \theta_j\right]} \tag{6-5}$$

计算输出层第 t 个单元的激活值 o:

$$o_t = \sum_{j=1}^{p} (w_{jt} x_j) - \theta_t \tag{6-6}$$

计算输出层第 t 个单元的实际输出值 c:

$$c_t = f(\theta_t) \tag{6-7}$$

式中:w_{jt}——隐含层至输出层的权值;

θ_t——输出层神经元的阈值;

p——隐含层单元数;

f——S 型激活函数。

此时正向传播阶段已经完成,接下来是误差反向传播阶段,通过误差反向传播来调整权值和阈值。

输出层单元的校正误差:

$$d_t^k = (y_t^k - c_t^k) f'(\theta_t^k) \tag{6-8}$$

隐含层各单元的校正误差：

$$e_j^k = \left(\sum_{t=1}^{q} w_{jt} d_t^k \right) f'(s_j^k) \tag{6-9}$$

式中：q——输出层单元数，一般为 1；

    k——取值为 $1,2,\cdots m,m$ 是训练（学习）模式对数。

输出层到隐含层的连接强度和输出层阈值校正量分别为

$$\Delta \nu_{jt} = \alpha d_t^k b_j^k \tag{6-10}$$

$$\Delta \gamma_t = \alpha d_t^t \tag{6-11}$$

隐含层到输入层的校正量为

$$\Delta w_{ij} = \beta e_j^k x_i^k \tag{6-12}$$

$$\Delta \theta_j = \beta e_j^k \tag{6-13}$$

式中：e_j^k——隐含层 j 单元的校正误差；

    β——隐含层到输入层的学习率，$0 < \beta < 1$。

6.3　一般赛事活动安保力量配置建模与预测实例

6.3.1　数据收集

由于警察、消防员、特种警察、武装巡逻队等相关数据受保密政策保护，收集这类人员的安保力量配置数据较为困难，因此以保安人员的数据为例开展研究。安保力量配置可能受到活动人数、活动场地面积、城市公共安全综合指数等因素的影响，因此选取这三个指标作为影响安保力量配置的特征测度。其中，活动人数大部分通过各类网站直接收集得到，若数据只有活动的人次，则通过每日活动人次与每日活动持续时间的比（没有则按 8 h 计算）计算收集；活动场地面积大部分也可通过各类资料网站直接查到，部分活动场地面积需要采用特别的方式计算，如马拉松活动，场地明显过于庞大，且马拉松活动主要是沿路开展，路程远远大于路面的宽度，则宽度忽略不计，因此场地面积以马拉松活动的路程代替；城市公共安全综合指数取该城市近五年（事件发生的前五年）的城市公共安全指数的平均值,在本研究中,此类数据来源于赵建辉的《中国城市公共安全指数评价》[24]。将所有这些数据列入表 6.1,其中活动人数、活动场地面积、城市公共安全综合指数作为 BP 神经网络输入层的数据,而安保人数则为预期结果。

表 6.1　一般赛事活动的各项数据[25-27]

活动名称	时间	地点	活动人数/人	安保人数/人	城市公共安全综合指数	活动场地面积(距离)/m^2(m)
车展	2015 年 2 月 6 日	北京	2000	90	72.75	5600
明星演唱会	2021 年 10 月 16 日	海口	15000	2300	68.97	60000
跨年晚会	2014 年 1 月 1 日	武汉	5000	400	60.78	28830
马拉松赛	2018 年 10 月 28 日	宁波	10000	960	57.49	42200
农业展览会	2014 年 5 月 4 日	北京	10000	1000	72.75	93000
音乐典礼	2010 年 1 月 17 日	北京	6300	260	72.75	40000
家具展销会	2014 年 8 月 2 日	杭州	2000	30	58.36	10000
明星演唱会	2015 年 4 月 30 日	深圳	10000	150	67.96	48200
马拉松赛	2019 年 10 月 27 日	成都	30000	700	50.07	42200
戏曲表演活动	2019 年 5 月 23 日	杭州	1000	180	58.36	52000
会议	2019 年 3 月 12 日	北京	1200	40	72.75	1300
个人巡回赛	2014 年 8 月 18 日	深圳	1330	45	67.96	3000
音乐节	2022 年 7 月 23 日	武汉	8300	550	60.78	20100
晚会	2019 年	北京	9000	800	72.75	72000
会议	2019 年 10 月 21 日	北京	1300	200	72.75	42000

6.3.2　MATLAB 的 BP 神经网络实现

运用 MATLAB 编程实现 BP 神经网络模型的构建和数据代入。在建模之前,需要确定神经网络的结构,输入数据"input"为由活动人数、活动场地面积、城市公共安全综合指数所组成的 3×17 的矩阵,期望输出数据"output"为安保人数所组成的 1×17 的矩阵。此次建模因为数据不多,所采用的是单隐含层神经网络,即三层神经网络。在建模过程中很重要的一环是确定隐含层神经元的个数。对于隐含层神经元的个数确定,国际上并没有一个统一的标准公式,只有几种由某些科学家所归纳出来的经验公式。Kolmogorov 定理所归纳的公式如下:

$$n_2 = 2n_1 + 1 \tag{6-14}$$

式中:n_2——隐含层神经元的个数;

n_1——输入层神经元的个数。

在本研究中,输入层神经元个数为 3 个,因此隐含层神经元的个数为(2×3+1) 7 个。

将"input"中的 15 个样本,按照 50%∶25%∶25%的比例分配到训练集、验证集和测试集中。所选的训练函数为"trainlm"中的 LM 算法(Levenberg-Marquardt,属于反向传播算法),是使用最广泛的非线性最小二乘最优化算法,它利用梯度求最大(小)值,同时具有高斯-牛顿算法和梯度法的优点,能避免直接计算赫塞矩阵,从而减少了训练中的计算量,有效减少了训练所需的时间[28]。

最后得出的结果通过该神经网络的线性回归(linear regression)拟合曲线来反映。线性回归拟合曲线可以表现该神经网络在训练、验证、测试阶段的拟合情况,线性回归拟合曲线 R 值表示测量输出结果和目标之间的相关性。R 值为 1 表示密切关系,为 0 表示随机关系,即 R 值越接近 1,表示测量输出结果(实际输出)与目标结果(真实值)越接近。图 6.4 所示为该神经网络的线性回归拟合曲线。

从图 6.4 中可以看出,此次预测的结果并不是很理想,虽然训练结果的 R 值非常接近 1,但是在验证和测试中都观察到了明显的离散点,导致总的线性回归的 R 值较低,说明预测结果与真实值之间存在着一定的偏差,且偏差较大。

针对本次预测精度存在的问题,需要对原始数据集的影响因素数据进行改进,再次进行预测,观察结果是否会更好。考虑到活动当年该地区的生产总值可能对安保人数的配置有一定影响,因此收集活动当年该地区的生产总值数据,补充到原来的输入数据集里,再进行一次神经网络的建模。表 6.1 所对应

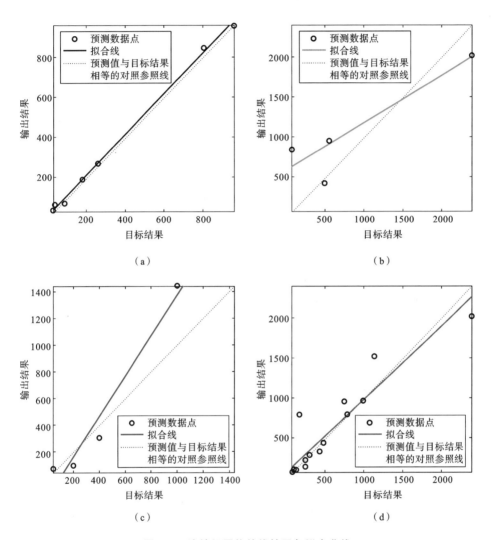

图 6.4　该神经网络的线性回归拟合曲线

（a）训练集（$R=0.99874$；输出结果$\approx$目标结果$+3.1$）；

（b）验证集（$R=0.92821$；输出结果≈ 0.61 目标结果$+5.1\times 10^2$）；

（c）测试集（$R=0.9778$；输出结果≈ 1.5 目标结果-1.4×10^2）；

（d）总线性回归（$R=0.9172$；输出结果≈ 0.89 目标结果$+1.2\times 10^2$）；

的各项活动的举办地当年扩充的生产总值数据依序如表 6.2 所示。

表 6.2　各项活动的举办地当年生产总值数据

活动名称	举办地当年生产总值/万元
车展	24800
明星演唱会	2057
跨年晚会	10000
马拉松赛	11200
农业展览会	22900
音乐典礼	15000
家具展销会	9500
明星演唱会	18400
马拉松赛	17000
戏曲表演活动	15400
会议	35400
个人巡回赛	16800
音乐节	18000
晚会	35400
会议	35400

在补充该地区生产总值数据之后,所建立的神经网络中一些参数也需要进行相应的改变。数据集扩充后,输入层神经元个数为4,神经网络的隐含层神经元的个数按照公式 $n_2 = 2n_1 + 1$ 应该调整为 9 个,其他参数不变,再次运行代码,得到的线性回归拟合曲线如图 6.5 所示。

6.3.3　结果分析与讨论

1. 预测精度对比分析

将两次预测结果进行对比,可以看出,在加入了活动举办地当年的生产总

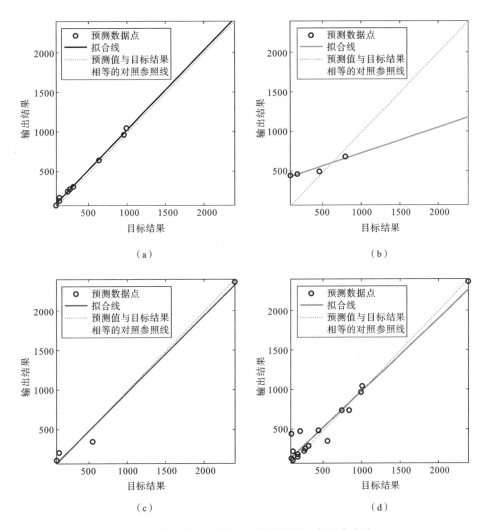

图 6.5　经调整后的神经网络的线性回归拟合曲线

(a) 训练集($R=0.99889$;输出结果$\approx$目标结果$+14$);

(b) 验证集($R=0.93866$;输出结果≈0.35目标结果$+4\times10^2$);

(c) 测试集($R=0.98942$;输出结果≈0.95目标结果$+12$);

(d) 总线性回归($R=0.97039$;输出结果≈0.91目标结果$+87$);

值数据之后,所得线性回归曲线的拟合度明显较第一次更好,且没有出现过拟合的现象,预测精度更高。这说明当地生产总值与安保人数的配置有着非常重要的联系。可见,活动人数、活动场地面积、城市公共安全综合指数、经济发展水平(用生产总值来反映)四大因素,相互之间构成了一个非线性的关系,共同作用于安保人数的配置。缺少其中任何一组数据都会影响安保力量配置的预测精度,甚至使预测模型建立失败。该模型中除了个别样本由于其来源不统一而不精确甚至错误(即噪声数据,属正常现象)之外,大部分的数据大体都在一条直线上。因此,第二次神经网络的预测模型是成功的,使用该模型可以对未发生或将发生的各类小型活动所需的安保人数进行预测,只需要收集到对应的输入数据,即活动人数、活动场地面积、活动当地的近五年城市公共安全指数的平均值以及城市当年的生产总值。

2. 造成差异的原因

造成两次预测结果差异的原因主要是第一次预测忽略了地区的经济因素(生产总值)对安保力量配置的影响,没有考虑到经济因素与安保力量配置有着重要的联系,使数据样本缺乏多样性,导致预测结果不尽如人意。且隐含层神经元个数只是一个根据经验公式估算得出的值,所选择的隐含层神经元个数是否是最佳值还未可知,在输入层神经元较少的情况下,若隐含层神经元选取过多,很容易使神经网络重复性、记忆性学习,导致过拟合,出现了虚假的过拟合现象。

3. 不足之处及未来建议

该神经网络预测模型的验证集回归拟合度不佳(见图 6.5(b)),主要原因是样本数不够多,不能将更多的数据放在验证数据集中,没有足够的数据进行验证,验证结果易受到某些数据的特殊性的影响,造成结果的偏差。倘若能收集更多的数据进行验证,或是扩充训练集、验证集、测试集的数据,则最终拟合结果更佳,且更具有普遍性和说服力。

6.4 大型赛事活动安保力量配置建模与预测实例

6.4.1 数据收集

通过对大型赛事安保力量配置影响因素分析,以及出于对数据收集可行性的考虑,选取举办国数、参赛人数、举办地近五年的犯罪指数率平均值以及举办国当年人均生产总值作为大型赛事活动安保力量配置预测模型的基础数据,将安保人数作为该预测模型的期望输出数据,同样运用 MATLAB 建立 BP 神经网络模型,最后观察实际输出数据与期望输出数据的拟合度,验证 BP 神经网络作为大型赛事活动安保力量配置预测模型的可行性和准确性。表 6.3 所示为一些大型国际性体育赛事的相关数据。

表 6.3　某大型国际性体育赛事数据

时间	举办地	参赛人数 /人	参赛国数 /个	举办地近五年 犯罪指数率/%	举办地当年人均 生产总值/万元	安保人数 /人
1984 年	萨拉热窝	1272	49	0.401	0.3	3500
1988 年	卡尔加里	1423	57	0.398	1.89	4200
1992 年	阿尔贝维尔	1801	64	0.453	2.38	5000
1994 年	利勒哈默尔	1737	67	0.433	2.93	4800
1998 年	长野	2176	72	0.131	3.24	6000
2002 年	盐湖城	2399	77	0.496	3.8	12500
2006 年	都灵	2508	80	0.445	3.65	9500
2010 年	温哥华	2566	82	0.393	4.76	15000
2014 年	索契	2887	88	0.452	1.41	37000
2018 年	平昌	2952	92	0.358	3.34	60000
2022 年	北京	2880	91	0.339	1.05	50000

6.4.2　MATLAB 的 BP 神经网络实现

在 6.3 节的一般赛事活动的安保力量配置预测建模中,已经介绍了建立 BP 神经网络的一般步骤。本次同样运用 BP 神经网络进行建模,所用步骤与上文一样,因此不再赘述。需要改变的是,本次建模中,输入数据为参赛人数、参赛国数、举办国近五年的犯罪指数率平均值和举办国当年人均生产总值所组成的 4×11 的矩阵,期望输出数据为安保人数所组成的 1×11 矩阵,所选取的 BP 神经网络层数依然为三层,隐含层神经元个数根据 Kolmogorov 定理确定为 7

个。接下来是运用MATLAB进行数据代入和BP神经网络构建,具体的数据代入步骤同上文6.3.2节,得出的结果用线性回归拟合曲线来表示。图6.6是由此次建立的BP神经网络所得出的线性回归图。

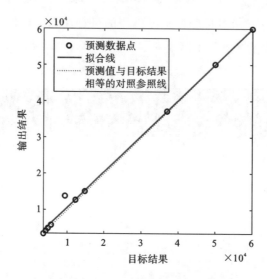

图6.6 该神经网络的线性回归图

($R=0.99808$;输出结果≈ 0.99目标结果$+5.6\times 10^2$)

6.4.3 结果分析与讨论

从以上BP神经网络的线性回归图(见图6.6)可以看出,BP神经网络预测模型的总线性回归拟合度较好,说明实际输出与期望输出十分接近,预测的精度较高,说明该模型是准确的。该BP神经网络预测模型的实际输出与期望输出之间的具体误差如图6.7所示。

从图中可以看出,除一组数据的误差过高之外,其他数据的误差均在±5的区间内,而其中一个数据的误差过高,显然是不正常的,究其原因可以归为以下几点:

(1)统计安保人员时,由于人员流动性大而存在一定的估计、统计的口径和计算标准不统一等情况,造成一组数据或者n组数据不准确,对预测结果造成影响。

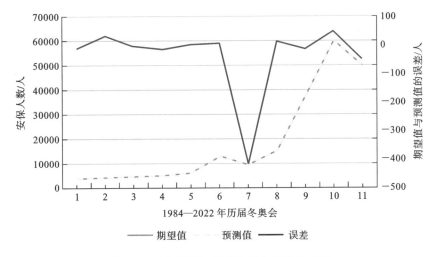

图 6.7　实际输出与期望输出之间的误差值

（2）BP 神经网络预测对于样本量充足情况下的预测结果更加精准，而在样本量较少的情况下，容易受到个别样本不准确性的干扰。本次预测的样本数较少，因此会出现个别预测结果与实际结果相差较大的情况[30,31]。

（3）样本本身具有特殊性，如梁媛等人[13]在做冬奥会安保人数的预测时，得出的结果中，韩国冬奥会安保人数的预测结果和实际结果误差较大，这是因为某些政治原因，当地治安形势变得严峻，所以增派了更多的安保人员，以保证赛事活动的正常进行。这种情况就偏离了大型赛事安保力量配置的一般规律，因此这种情况下预测结果出现误差较大也是无法避免的。

综上所述，此次预测模型的精度良好，但是尚可进行改进和提升。在今后的安保力量配置预测模型研究中，倘若可以收集更多的初始数据，以及增加更多的影响因素数据，考虑得更加全面，则能使预测模型精度更高，预测结果更加理想。

本章参考文献

[1] 刘艳芳,赵欣.我国大型活动安保工作存在的问题及对策[J].中国公共安全

（学术版），2008(1)：62-66.

［2］吕实珉.奥运安保的概念和基本特征[J].北京人民警察学院学报,2006(1)：1-4.

［3］熊伟荣.影响体育场馆火灾风险的因素[J].化工管理,2017(31)：101-102.

［4］美友 600403.海口市公安局圆满完成"绝色莫文蔚"2019 巡回演唱会海口站安保工作任务[EB/OL].[2019-04-27].https://www. meipian. cn/22oke8f1.

［5］YANG Y,YANG J,HUANG X. Evaluation of sports public service under fuzzy integral and deep neural network[J]. Journal of Supercomputing, 2022,78(4)：5697-5711.

［6］FU L P, WANG X Q, LIU B S, et al. Investigation into the role of human and organizational factors in security work against terrorism at large-scale events[J]. Safety Science, 2020, 128:104764.

［7］财经头条.为保 2024 巴黎奥运会安全,法国投重金拉满安保科技［EB/OL］.[2022-11-27]. https://t. cj. sina. com. cn/articles/view/1888494957/7090256d01901epku.

［8］HWAN O J,GYU K J. A study on the utilization of private security guards in multilateral summit：the case of the 2019 ASEAN-Republic of Korea Commemorative Summit［J］. Journal of The Korean Society of Private Security,2020,19(3)：89-105.

［9］刘亚云,钟丽萍,李可兴,等.大型体育赛事突发事件的预警管理[J]体育学刊,2009,16(9):32-35.

［10］JAMIE C,ELLIS C. Nothing will be the same again after the stade de france attack: Reflections of association football fans on terrorism, security and surveillance[J]. Journal of Sport & Social Issues,2018,42(6):459-469.

［11］ANN T. From Olympic massacre to the Olympic stress syndrome[J]. International Review for the Sociology of Sport,2012,47(3):379-396.

［12］陈元欣,宋晶晶.我国职业足球联赛安保问题研究[J].首都体育学院学报,2014,26(6):535-537,542.

［13］梁媛,李钢,李树旺.基于 BP 神经网络模型的大型体育赛事安保最优规模

　　　　预测分析以 10 届冬奥会为例[J].广州体育学院报,2022,42(1):120-128.

[14] 邱锡鹏.神经网络与深度学习[J].中文信息学报,2020,34(7):4.

[15] 朱大奇.人工神经网络研究现状及其展望[J].江南大学学报,2004(1):
　　　103-110.

[16] 吴人杰.基于机器学习的上市公司股票高送转预测模型[D].贵阳:贵州财
　　　经大学,2022.

[17] 朱宵彤,庞春颖,朱涵.基于深度学习的心血管疾病预测模型[J].计算机应
　　　用,2021,41(S2):346-350.

[18] 王永剑,齐伟静,王翼鹏,等.产后抑郁预测模型的分类与比较[J].中国全
　　　科医学,2022,25(24):3036-3042.

[19] 牛忠远.我国物流需求预测的神经网络模型和实证分析研究[D].杭州:浙
　　　江大学,2006.

[20] CHEN Y, TANG Z. Research on the construction of intelligent
　　　community emergency service platform based on convolutional neural
　　　network[J]. Scientific Programming,2021:1-14.

[21] CHEN YY, ZHENG W Z, LI W B, et al. Large group activity security
　　　risk assessment and risk early warning based on random forest algorithm
　　　[J]. Pattern Recognition Letters,2021,144:1-5.

[22] HANUMANTHA G J, ARICI B T, SEFAIR J A, et al. Demand
　　　prediction and dynamic workforce allocation to improve airport screening
　　　operations[J]. Iise Transactions,2020,52(12):1324-1342.

[23] JING Z C, YIN X L. Neural Network-based prediction model for
　　　passenger flow in a large passenger station:an exploratory study[J].
　　　IEEE Access,2020,8:36876-36884.

[24] 赵建辉.中国城市公共安全指数评价[J].中国城市公共安全发展报告,
　　　2017:93-113.

[25] 千文网.大型活动安保方案[EB/OL].[2023-01-22].https://www.588k.
　　　com/yyws/hdfa/1260569.html.

[26] 蒲公英阅读网.文体中心(剧场)活动安保方案[EB/OL].[2021-04-02].
　　　https://www.tyust.net/fanfuchanglian/2021/0402/295340.html.

［27］范文资料网. 大型活动安全保卫工作方案［EB/OL］. ［2023-02-27］. http：//www. ahsrst. cn/a/201612/208769. html.

［28］LYNE M, GALLOWAY A. Implementation of effective alcohol control strategies is needed at large sports and entertainment events［J］. Australian and New Zealand Journal of Public Health，2012，36（1）：55-60.

［29］ZHANG G H, BROWN P, LI G B. Research on personal intelligent scheduling algorithms in cloud computing based on BP neural network ［J］. Journal of Intelligent & Fuzzy Systems，2019，37（3）：3545-3554.

［30］JIANG R,CAI Z,WANG Z,et al. Predicting citywide crowd dynamics at big events：a deep learning system[J]. ACM Transactions on Intelligent Systems and Technology,2022,13(2):1-24.

第 7 章
动态消防安全风险评估
系统研发及应用

本章阐述了动态消防安全风险评估理论与方法应用的建设思路与设计理念，介绍了作者所研发的"全链式"动态消防安全风险评估系统，该系统实现了单位、行业、区域消防安全风险的实时动态评估和预警。

7.1 动态消防安全风险评估系统总体设计

7.1.1 系统架构

系统总体设计基于"感、传、知、用"的总体框架，分为"五层两翼"。"五层"依次为监测感知层、网络传输层、数据服务层、系统应用层和前端展示层；"两翼"是指系统建设应遵循的标准规范体系和安全保障体系。系统的构想框架图如图 7.1 所示。

（1）监测感知层：基于火灾报警控制器、加装压力和液位传感器等前端消防物联感知设备及消防控制室视频监控信号的接入，获取联网社会单位和五类人员家庭用户消防工作相关的设备设施状态监测数据。

（2）网络传输层：网络传输层主要涵盖前端物联网感知网络及信息交换共

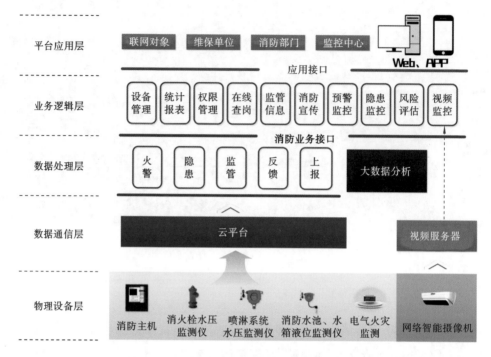

图 7.1　系统构想框架图

享传输网络,为消防物联网信息的流动、共享和共用提供基础,前端感知数据通过无线和有线的方式上传至云平台数据处理层。

（3）数据服务层:具有封装分布式实时计算、工作流引擎、数据目录、分析挖掘插件和数据并行处理等基础服务,能集中处理分析前端感知的各类消防数据,对监测信号进行分级分类存储上报与计算分析。

（4）系统应用层:基于数据分析支撑,实现设备管理、统计报表、监管信息、预警监控、风险评估等消防业务功能。

（5）前端展示层:采用大屏、Web 端、APP 移动端相结合的方式,分别为联网对象、监控中心和消防部门用户全面呈现预警系统信息。

7.1.2　网络拓扑

城市物联网消防远程监控系统部署在互联网上,通过安全边界与指挥调度网实现数据共享与交换,联网单位、监控中心和消防部门用户使用互联网链接访问[1]。网络拓扑如图 7.2 所示。

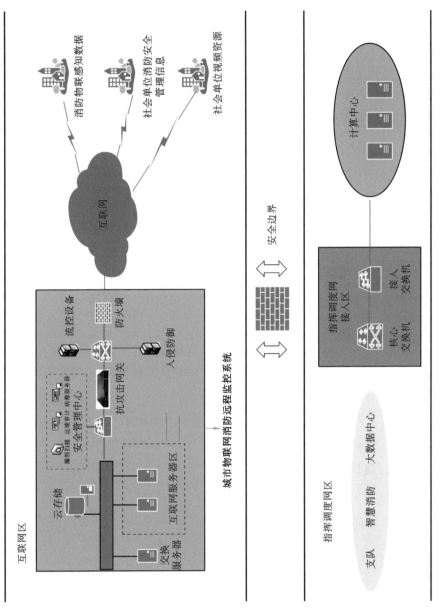

图 7.2　网络拓扑图

1. 联网对象消防物联感知数据网络传输

加装用户信息传输装置进行单位消防主机信号解析，单位消防控制室通过互联网进行信号传输。加装智能协议转换器、压力和液位监测仪，老弱病残家庭加装无线组网感烟火灾探测器和无线组网可燃气体探测器等前端物联感知设备，感知设备通过运营商的 NB-IoT 无线网络，应用广域无线传输方式，连接到互联网。依托互联网将无线智能感知设备采集的数据进行存储、监控、分析和管理。

2. 社会单位消防安全管理信息网络传输

在联网单位消防重点部位和消防设施上加装 NFC 电子标签，巡查人员利用手机 APP 近距离读取电子标签后，实现对消防安全重点部位的巡更签到和消防设施器材的检查管理。巡检信息通过 4G、5G 等移动网络进行传输。

3. 社会单位视频资源网络传输

加装消防控制室视频监控智能摄像机、水泵房视频监控摄像机，同时接入联网单位内部监控视频，当系统探测到报警信号时可以联动单位内部视频进行确认。视频监控通过视频网关汇集，再通过互联网传输至服务端。

7.1.3 数据汇集

数据汇集包括单位/建筑初始化数据、火灾报警控制器信号、加装物联感知信息和单位消防安全管理信息等与单位消防安全相关的静、动态数据，将各类数据资源推送至物联信息分析处理模块，开展动态消防安全风险评估、多维数据分析等大数据应用。

1. 单位/建筑初始化数据

针对社会单位，要充分考虑 1 个单位对应 1 个建筑、1 个单位对应多个建筑以及 1 个建筑包含多个单位的关系，综合考量单位的基础信息、消防信息、人员信息、档案信息 4 类静态数据，以及设备设施状态、防火巡查管理、设施维保管理 3 类动态数据。同时需采集"一套图、两张表"等基础数据（建筑平面布置图、火灾自动报警编码电子图、视频监控点位平面图以及消防报警主机点位编码表、视频监控信息表），从而实现点对点的精准报警。

2. 火灾报警控制器信号

对火灾报警控制器主机加装用户信息传输装置，以将其连接到以太网，再通过物联网关将各单位消防控制室的火灾报警系统(消防主机)设备全部接入支撑平台。采集接入火灾报警控制器主机的火灾探测报警系统、自动喷水灭火系统、消火栓系统、防排烟系统等消防系统中各项设备信息和工作状态。

从火灾报警控制器主机接入的各项监控信息如下：

1）火灾探测报警系统

感温、感烟、火焰、特殊气体等探测器和手动报警按钮的工作状态及屏蔽、故障状态信息。

2）自动喷水灭火系统

喷淋泵(稳压和增压泵)启停状态和故障状态,喷淋泵电源、水流指示器、报警阀、压力开关等设备的工作状态信息,以及信号阀的启闭状态和给水管网的压力监控信息。

3）室外消火栓

室外消火栓位置信息,水流、水压监控信息。

4）室内消火栓

消防水泵、消火栓泵电源和消火栓按钮等设备的工作状态和故障状态,及屋顶稳压泵的压力监控信息。

5）气体灭火系统

气瓶、管网的压力监控信息;驱动装置、防火门窗、通风空调的工作状态信息;控制器手自动状态、故障状态和主备电源监控信息。

6）泡沫灭火系统

消防水泵和泡沫泵的启停状态、故障状态信息。

7）防排烟系统

风机、风机电源、电动排烟防火阀、电动挡烟垂壁、电动防火阀、排烟口和电动排烟窗等设备的工作状态、故障状态信息。

8）防火门窗及防火卷帘

控制器和防火卷帘工作状态、故障状态信息,防火门窗开闭状态和故障状态信息。

9）消防电梯

非消防电梯火灾时回降和停用信号,消防电梯运行时所在楼层信号和故障状态信息。

10）应急照明系统和疏散指示标志

电源主电工作状态、应急工作状态信息,照明系统、疏散指示标志工作状态和故障状态信息。

11）电气火灾监测系统

监测点的剩余电流、温度、剩余电压信息。

12）干粉灭火系统

系统手、自动工作状态和故障状态信息,驱动装置、防火门窗、防火阀、通风空调等设备的工作状态信息。

13）水喷雾灭火系统和采用水泵供水的细水雾灭火系统

喷淋泵(稳压和增压泵)启停状态和故障状态,喷淋泵电源、水流指示器、报警阀、压力开关工作状态,以及信号阀的启闭状态和给水管网的压力监控信息。

14）采用压力容器供水的细水雾灭火系统

控制器手自动状态故障状态和主备电源状态监控信息,气瓶、管网压力监控信息,驱动装置、防火门窗、通风空调的工作状态信息。

15）消防电话

消防电话正常工作状态和故障状态监测信息。

16）消防应急广播

应急广播启动、停止信号,处于应急广播状态的分区信息和预设广播信息。

3. 设备设施的物联感知信息

针对联网社会单位未接入火灾报警控制器主机的设备设施状态进行监控,加装智能协议转换器,如液位传感器、压力传感器、泵开关状态传感器等前端物联感知设备,实现对数据的解析传输和相应消防设施实时状态的监测。

1）火灾探测报警系统

火灾报警控制器的启闭状态和故障状态信息。

2）消防水、泡沫灭火系统

消防水箱(池)、泡沫罐液位信息,自动喷水灭火系统、水喷雾灭火系统、消火栓系统管网压力、流量信息。

3）控制柜状态

自动喷水灭火系统、室内消火栓系统、泡沫灭火系统、防排烟系统、水喷雾灭火系统和采用水泵供水的细水雾灭火系统等相应消防系统控制柜的手、自动状态和通电状态。

4. 单位消防安全管理信息

包括消防安全巡查巡检、隐患处理、消防控制室值班、安全教育培训、消防演练等管理工作执行情况，以及微型消防站、消防控制室值班人员落实与取证情况等。

7.1.4　功能设计

城市物联网消防远程监控系统能够实时接收、推送联网对象火灾报警信息、建筑消防设备设施运行状态信息、单位自主管理信息和维保单位管理信息，按信息推送规则进行信息分级推送，推送对象包含消防监管部门和系统联网单位两类。消防监管部门用户端包括支队级用户端和大队级用户端；系统联网单位用户端包括社会单位用户端、维保公司用户端和家庭用户端。

各级用户端实现各自层级范围内的数据应用和信息管理，同时对各类消防监测数据进行大数据分析、数据挖掘和云计算，以风险热力图、多维度统计图表、数据聚合等方式，展示监控单位、行业、区域等多维度消防安全水平分布。系统核心功能应用如下：

1）消防全息多维感知

应用物联感知技术数字化消防设施状态信息，通过 NB-IoT、LoRa 等无线通信实时获取消防设施工作状态，及时发现、智能预警消防隐患。同时将每一个监控探头与火灾报警点位相绑定，一旦产生火灾报警信号，系统智能联动报警点位周边的视频摄像头，单位人员和消防部门能够远程、多视角察看现场情况，判断是否误报并采取针对性的火灾扑救措施。

2）全局可视化立体监控

运用 GIS、数字几何、视频融合等技术建立全时空立体可视化监控应用，以室内外三维模型为基础，有效整合、处理、分析视频监控与消防物联感知信息，获得在三维时空中的全景可视能力与智慧感知能力，在透彻感知单位状态信息

207

的基础上,实现高效管理和全局把控的目标。

3）移动高效智能巡检

创新消防管理流程与机制,应用移动互联、近场通信（NFC）等智能和信息化技术,全面管理消防设施以及重点部位的日常巡检、维护保养,提高消防巡检业务质量、数据准确性和上报及时性,深挖巡检数据的潜力,为消防设备设施安全稳定运行打牢坚实基础,整体提升巡检人员标准化工作意识和设备数据实时管控能力[2]。

4）特殊场景备案屏蔽

单位日常工作过程中,除发生火灾导致消防报警主机动作外,系统还可能因建筑装修施工、系统维保检测、消防演练等原因产生报警信号,这些将给系统运行带来较大负担。系统可结合建筑平面图、报警设施点位图等数据,为社会单位提供消防报警主机点位屏蔽功能,以降低不必要的系统误报。

5）智能高效一键报警

针对未设置火灾报警探测器的区域发生火灾的情况,提供联网单位火警直报功能。该报警不需要经过监控中心核实,直接由联网单位发起,上报给消防部门和单位其他人员,实现警情信息快速同步至 119 指挥中心,提高消防救援出动与作战效能。

6）火灾风险精准动态研判

全面汇聚、深入挖掘消防安全感知数据,建立多维动态数据分析模型,以人工智能、大数据赋能智慧消防应用。利用人工智能赋能下的大数据分析与建模,动态精准研判单位与区域火灾风险,实现高危风险实时预警、智能预测。

7.2 "全链式"动态消防安全风险评估系统

7.2.1 系统概念及原理

1."全链式"动态消防安全风险评估系统概念

"全链式"是指在某个领域或行业中涉及的整个流程或系统的所有环节,以提高效率、整合并优化各个环节为一个协调统一的整体作为目的,强调整个流程或系统的完整性和一体化管理。全链式解决方案提供了全面的、一站式的服务,满足客户多样化的需求。本书提出的"全链式"动态消防安全风险评估系统是以单位动态消防安全风险评估模块、行业动态消防安全风险评估模块和区域动态消防安全风险评估模块组成的以点到面、从微观到宏观的一体化、全链式评估系统。该评估系统通过物联网消防远程监控系统,对联网单位各项指标的消防安全风险进行实时监控,通过动态消防安全风险评估应用实现与用户的信息交互。该评估系统不但可以从微观上动态把握某个联网单位的各项消防安全风险,还可以通过对各项指标的统计数据、图表等进行精细化分析,实现对所有联网单位(整个行业)乃至整个区域的消防安全风险进行实时监控,真正实现了"全链式"。图 7.3 为"全链式"动态消防安全风险评估系统简图。

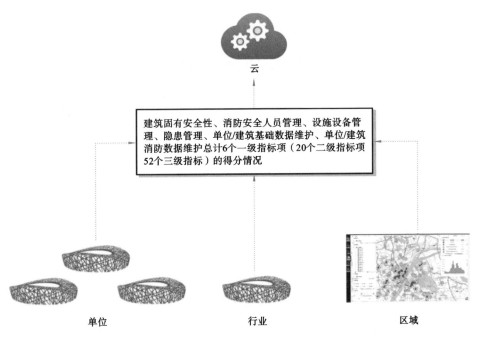

云

建筑固有安全性、消防安全人员管理、设施设备管理、隐患管理、单位/建筑基础数据维护、单位/建筑消防数据维护总计6个一级指标项(20个二级指标项52个三级指标)的得分情况

单位　　　　　　　　行业　　　　　　　　区域

图 7.3　"全链式"动态消防安全风险评估系统简图

2. "全链式"动态消防安全风险评估系统原理

(1)传感器数据收集:在联网单位的消防安全重点部位部署传感器和监测

仪器,实时监测和收集与消防安全风险相关的数据,其中包括用户信息传输装置、喷淋系统末端水压监测仪、消防水箱监测仪、喷淋系统控制器监测仪、消火栓系统控制柜监测仪、NFC巡检标签等物联感知设备,获得温度、湿度、压力、液位、烟雾浓度、告警次数等[3]。

(2)数据传输与通信:通过物联网的网络连接或无线通信技术,传感器收集到的数据将传输到云平台或中心服务器进行处理和分析。

(3)数据分析与处理:在云平台或中心服务器上,使用本书第五章建立的动态消防安全风险评估模型对传感器收集到的数据进行处理和分析,得到反映各项指标消防安全风险的实时数据。

(4)信息交互与使用:动态消防安全风险评估模型应用后,可以实时在系统中查看需要的动态消防安全风险评估得分等数据,比如某单位某时段的动态消防安全风险评估综合得分或各一级、二级、三级指标的分项得分,也可以从区域上查看某项指标的热力图,获得需要重点防控的地点信息。

7.2.2　单位动态消防安全风险评估模块

某体育场馆已纳入城市物联网消防远程监控系统应用范围,现场加装有用户信息传输装置、喷淋系统末端水压监测仪、消防水箱监测仪、喷淋系统控制器监测仪、消火栓系统控制柜监测仪、NFC巡检标签等物联感知设备,通过动态消防安全风险评估应用,系统可对该体育场馆消防安全水平进行实时量化评估。

为清楚阐明该系统的运行机制,以某体育馆场运用该系统在A时间域获得的各项评分为例,从6个一级指标及相应的二、三级指标情况进行阐述。以一个月为统计结果的时间间隔,对比A、B两时间域各一级指标和二、三级指标发生的变化,从而明确总结出该体育场馆存在的消防安全问题,以便更有针对性地采取对策。

1. 某体育场馆动态火灾风险监控指标与分级概述

系统平台以消防物联网远程监控数据为基础,综合建筑固有安全性、消防管理水平、单位基础信息维护三大属性,实现对单位消防安全水平的实时、动态评估。如图7.4所示,评估围绕建筑固有安全性、消防安全人员管理、设备设施管理、隐患管理、单位/建筑基础数据维护、单位/建筑消防数据维护 6 个一级指标项(包括 20 个二级指标项 52 个三级指标项)展开。

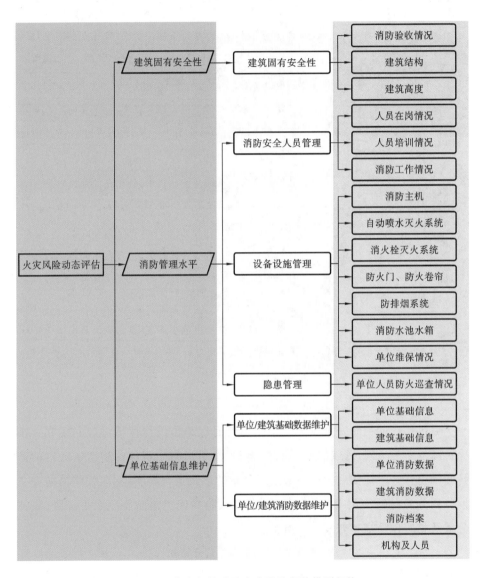

图 7.4　体育场馆消防安全风险评估模型架构

系统将联网单位的各类三级指标划分为五个等级,依次为:极低、低、中、高、极高。各类等级代表颜色、量化范围、安全可靠性如表 7.1 所示。

7.1 消防安全风险评估项目风险程度分级表

等级	量化范围	安全可靠性	具体描述
极低风险	90～100分	高	该评估项有微小部分不符合规范要求,且存在的隐患对场所火灾预防、火灾自动报警、防火分隔、灭火救援、安全疏散等几乎不可能造成影响,不会造成人员伤亡
低风险	80～90分	较高	该评估项有较少部分不符合规范要求,且存在的隐患对场所火灾预防、火灾自动报警、防火分隔、灭火救援、安全疏散可能造成较轻影响,不会造成人员伤亡
中等风险	70～80分	较低	该评估项有部分不符合规范要求,且存在的隐患对场所火灾预防、火灾自动报警、防火分隔、灭火救援、安全疏散可能造成部分影响,可能造成一定人员伤亡
高风险	60～70分	低	该评估项有大部分不符合规范要求,且存在的隐患对场所火灾自动报警、防火分隔、灭火救援、安全疏散可能造成重大影响,极有可能造成人员伤亡
极高风险	60分以下	极低	该评估项完全不符合规范要求,存在的隐患对场所火灾自动报警、防火分隔、灭火救援、安全疏散可能造成重大影响,极有可能造成大量人员伤亡

通过构建的消防安全风险评估模型对目标单位进行评估后,综合《北京市火灾高危单位风险评估导则(试行)》[4]和《注册消防工程师资格考试大纲的修订和调整》[5],对评估后的结果采用百分制的形式进行科学打分,并将消防安全评分划分为低风险、中风险、高风险、极高风险共四类消防安全水平等级,具体分级及相应风险描述如表 7.2 所示。

表 7.2 火灾风险量化分级表

等级	综合评分 S	风险描述
低风险	$85 \leqslant S < 100$	几乎不可能发生火灾,火灾风险性低,火灾风险处于可接受的水平,风险控制重在维护和管理

等级	综合评分 S	风险描述
中风险	65≤S<85	可能发生一般火灾,火灾风险性中等,火灾风险处于可控制的水平,采取措施后达到可接受的水平,风险控制重在局部整改和加强管理
高风险	25≤S<65	可能发生较大火灾,火灾风险性较高,火灾风险处于较难控制的水平,应采取措施加强消防基础设施建设和完善消防管理
极高风险	S<25	可能发生重大或特大火灾,火灾风险性极高,火灾风险处于很难控制的水平,应当采取全面的措施对建筑的设计、主动防火设施进行完善,加强对危险源的管控,增强消防管理和救援力量

2. 某体育场馆 A 时间域火灾风险运行情况分析

某体育场馆建筑采用钢筋混凝土(砼)结构,总建筑面积 11230 平方米,拥有 5 个安全出口、5 个疏散楼梯、116 个联网设施,包括:手动报警按钮、烟感探测器、水压传感器、喷淋控制柜传感器、水箱液位计、消防控制室视频监控装置、室内消火栓控制柜传感器等。监管类别为一般重点单位。

单位拥有 2 类共计 2 个消防档案,其中包括 1 个员工消防安全培训档案,1 个消防演练档案。

1）风险综合情况分析

基于某市城市物联网消防远程监控系统评估报告,利用定量消防安全风险评估计算方法,评估该体育场馆火灾风险。系统显示该体育场馆综合风险得分为 79 分,火灾风险等级为中风险,表示该建筑总体状况较好,火灾风险中等,火灾风险处于可控制的水平,在适当采取措施后达到可接受的水平。

各一级指标的评分雷达图如图 7.5 所示,其中,建筑固有安全性得分最高,达到了 100 分;消防安全人员管理得 97 分;设备设施管理得 92 分;隐患管理得 63 分;单位基础数据维护得 100 分;单位消防数据维护得分相对较低,只有 52 分。

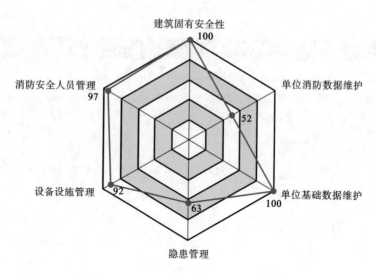

图 7.5　某体育场馆 A 时间域火灾风险各一级指标评分雷达图

通过物联网系统实时动态监测,对各消防安全风险评估细项进行实时评估分级,其中包括:极高风险指标 8 个,占比为 14.5%;高风险指标 4 个,占比为 7.3%;中等风险指标 1 个,占比为 1.8%;低风险指标有 0 个,占比为 0.0%;极低风险指标 42 个,占比为 76.4%。图 7.6 为某体育场馆 A 时间域三级指标风险等级分布综合统计图,图 7.7 所示为某体育场馆 A 时间域三级风险等级指标占比情况。

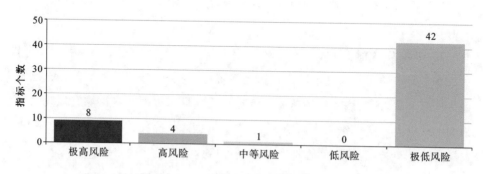

图 7.6　某体育场馆 A 时间域三级指标风险等级分布综合统计

该体育场馆消防安全风险评估极高风险指标总计 8 个,其中:单位消防数据维护指标占比最高,含有 7 个,达到 87.5%;其次是设备设施管理指标含有 1

| 各风险等级指标分布

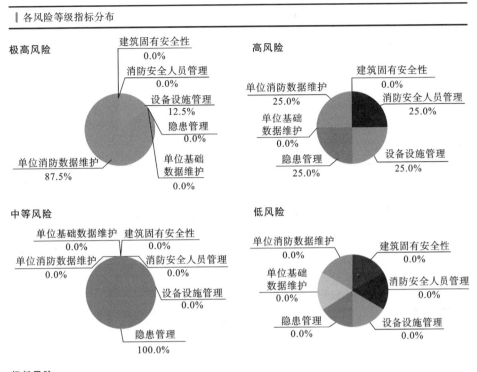

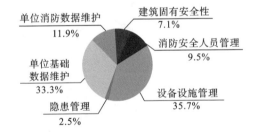

图 7.7　某体育场馆 A 时间域三级风险等级指标占比情况

个,占比 12.5%;建筑固有安全性、消防安全人员管理、隐患管理、单位基础数据维护指标各含有 0 个,占比均为 0.0%。建议单位立即对极高风险项予以整改,降低火灾风险。

　　单位消防安全风险评估高风险指标中,消防安全人员管理、设备设施管理、隐患管理、单位消防数据维护指标各含有 1 个,占比均为 25.0%;建筑固有安全性、单位基础数据维护指标各含有 0 个,占比均为 0.0%。对高风险项应予以密切关注并整改,以减少火灾隐患。

2）风险分析与隐患分析

（1）建筑固有安全性隐患分析。

建筑固有安全性从是否通过消防验收、建筑结构和建筑高度三方面进行评估。系统实时显示二、三级指标情况如图 7.8 所示。该建筑固有安全性得分为100 分，暂无建筑固有安全性隐患。

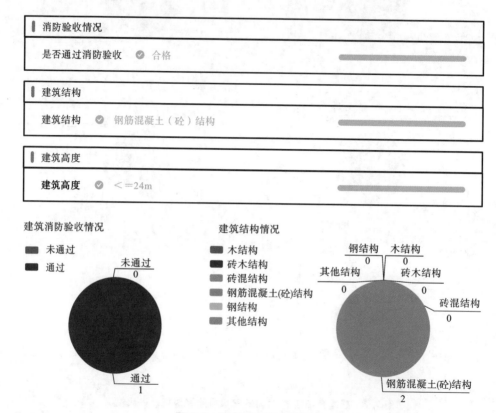

图 7.8　建筑固有安全性评分

（2）消防安全人员管理隐患分析。

消防安全人员管理情况从人员在岗情况、人员培训情况和消防工作情况三方面进行评估。系统实时显示的二、三级指标情况如图 7.9 所示。该体育场馆消防安全人员管理得分为 97 分，扣分主要是由于微型消防站人员数量未达到相关标准。另外，从图 7.10 所统计的监控情况看，A 时间域内体育场的 7 天消防控制室人员离岗次数为 0 次，持证人数为 3 人，但未达到 6 人的配备标准。

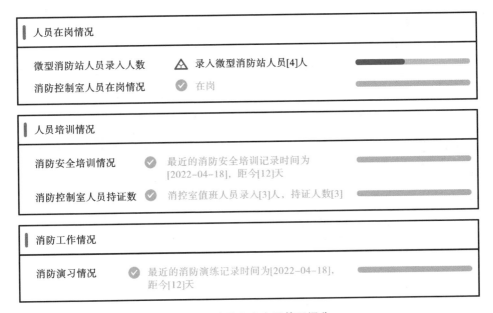

图 7.9　消防安全人员管理评分

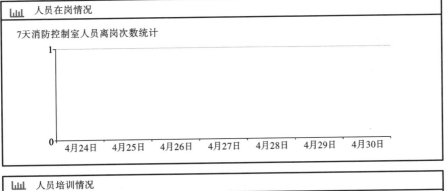

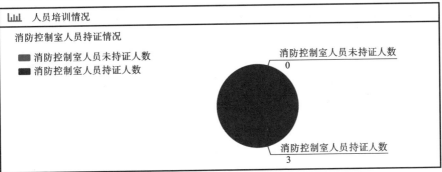

图 7.10　消防控制室人员监控情况

（3）设备设施管理隐患分析。

设备设施管理情况从消防主机、自动喷水灭火系统、消火栓灭火系统、防火门、防火卷帘、防排烟系统、消防水池水箱、单位维护情况等方面进行评估。系统实时显示的二、三级指标情况如图 7.11 所示。该体育场的设备设施管理评

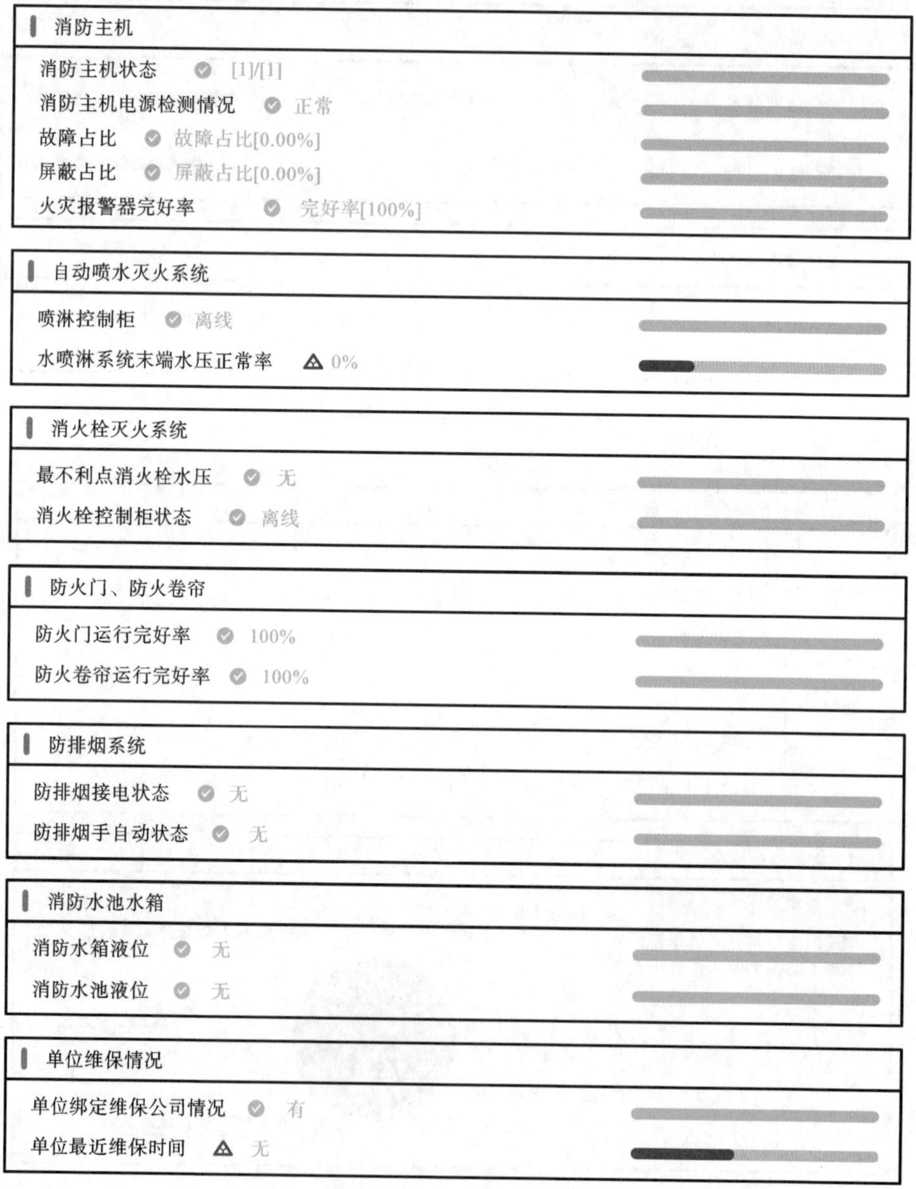

消防主机

消防主机状态	✓ [1]/[1]	
消防主机电源检测情况	✓ 正常	
故障占比	✓ 故障占比[0.00%]	
屏蔽占比	✓ 屏蔽占比[0.00%]	
火灾报警器完好率	✓ 完好率[100%]	

自动喷水灭火系统

喷淋控制柜	✓ 离线	
水喷淋系统末端水压正常率	⚠ 0%	

消火栓灭火系统

最不利点消火栓水压	✓ 无	
消火栓控制柜状态	✓ 离线	

防火门、防火卷帘

防火门运行完好率	✓ 100%	
防火卷帘运行完好率	✓ 100%	

防排烟系统

防排烟接电状态	✓ 无	
防排烟手自动状态	✓ 无	

消防水池水箱

消防水箱液位	✓ 无	
消防水池液位	✓ 无	

单位维保情况

单位绑定维保公司情况	✓ 有	
单位最近维保时间	⚠ 无	

图 7.11　设备设施管理评分

分为 92 分,被扣分主要是由于水喷淋系统末端水压正常率低,以及单位最近无维修记录。

　　从三级指标中的故障点位占比统计、屏蔽点位占比统计和 7 天火灾报警器完好率来看,消防主机暂不存在隐患,详见图 7.12 所示。从三级指标 7 天消防水池液位异常次数和 7 天消防水箱液位异常统计结果来看,消防水池水箱暂不

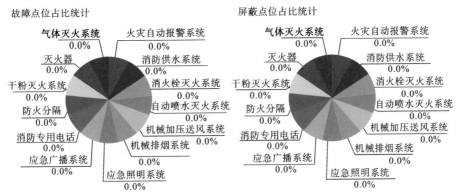

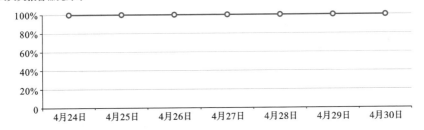

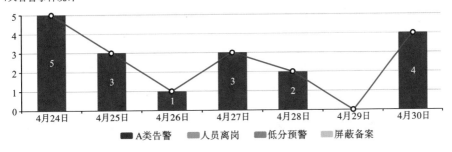

图 7.12　消防主机各点位统计及告警情况

消防供水系统7天告警次数统计

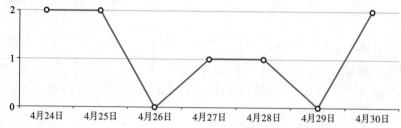

火灾自动报警系统7天告警次数统计

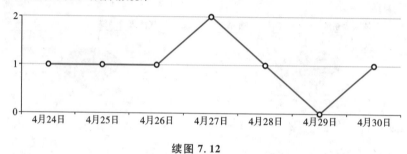

续图 7.12

存在隐患,如图 7.13 所示。从三级指标 30 天维保公司维保任务数和 30 天维保任务分类统计结果来看,单位维保情况指标处于中风险水平,安全可靠性较低,如图 7.14 所示。单位应立即组织消防维保公司进行消防设施检修维保,确保消防设施完好可用。

📊 消防水池水箱

7天消防水池液位异常次数统计   7天消防水箱液位异常次数统计

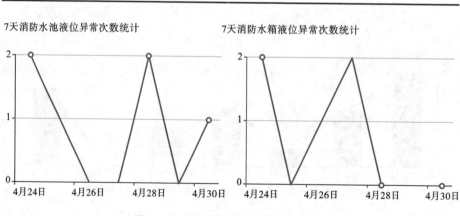

图 7.13 消防水池水箱异常次数统计

📊 单位维保情况

30天维保公司维保任务数统计　　　　　　30天维保任务分类统计

图 7.14　单位维保情况

（4）隐患管理隐患分析。

隐患管理情况根据单位人员防火巡查情况来进行评估。系统实时显示的二、三级指标情况如图 7.15 所示。该体育场馆的隐患管理评分为 63 分,造成分数低的原因是巡查点位完成率低、存在一定未整改的隐患。

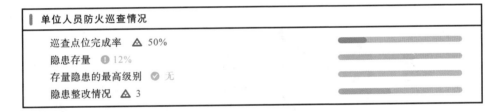

图 7.15　隐患管理评分

三级指标中单位人员防火巡查情况的巡查点位完成率为 50%（小于80%）,大量巡查点位未完成。该指标处于极高风险水平,安全可靠性极低。单位应精准分配巡查任务,明确巡查任务责任人和执行人,严格执行巡查任务计划,确保按时完成各点位巡查任务。单位未整改隐患数占已发现隐患总数的12%（10%～20%）,该项指标处于中风险水平,安全可靠性较低。详见图 7.15和图 7.16。单位应落实安全巡查和隐患整改工作,明确工作责任人和执行人,确保隐患及时发现、及时消除。

（5）单位基础数据维护隐患分析。

单位基础数据维护情况从单位基础信息、建筑基础信息两方面来进行评

📊 **单位隐患防火巡查情况**

7天巡查点位完成数量统计

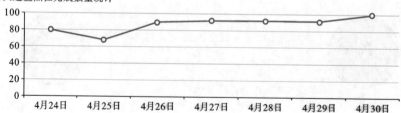

7天发现隐患统计

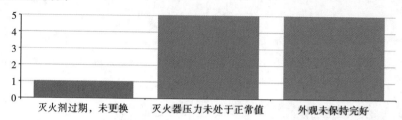

7天隐患个数统计

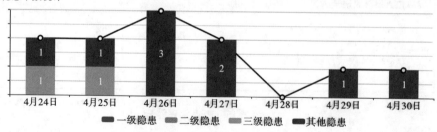

7天隐患个数统计

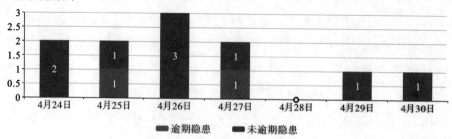

图 7.16　单位人员防火巡查情况

估,系统实时显示的二、三级指标情况如图 7.17 所示,单位基础数据维护评分为 100 分,暂无隐患。

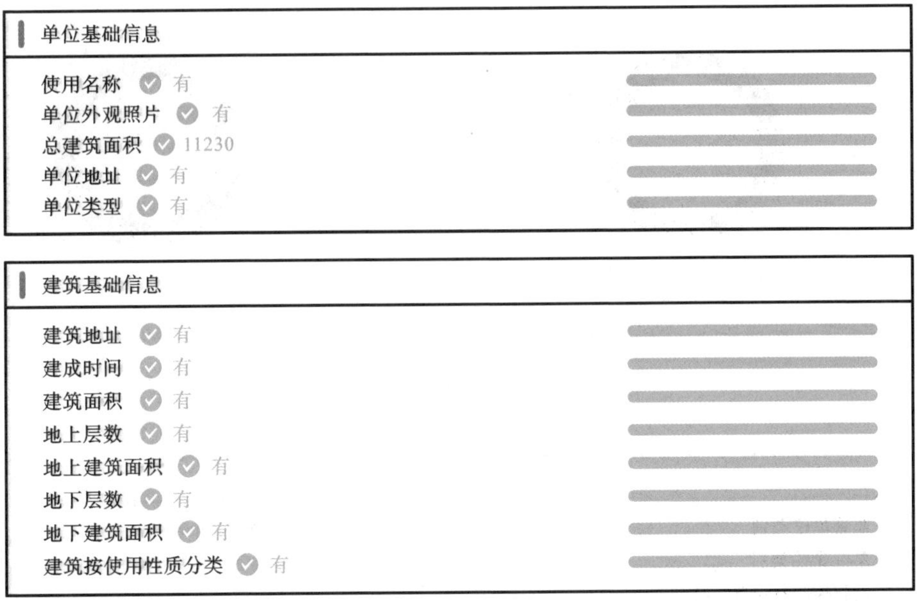

单位基础信息

使用名称　✓　有

单位外观照片　✓　有

总建筑面积　✓　11230

单位地址　✓　有

单位类型　✓　有

建筑基础信息

建筑地址　✓　有

建成时间　✓　有

建筑面积　✓　有

地上层数　✓　有

地上建筑面积　✓　有

地下层数　✓　有

地下建筑面积　✓　有

建筑按使用性质分类　✓　有

图 7.17　单位与建筑基础信息统计

从图 7.18 所示的数据维护情况来看,该单位能较好地填报单位和建筑基础数据,系统显示各项基础数据完整。该指标处于低风险水平,安全可靠性高。

(6)单位消防数据维护隐患分析。

单位消防数据维护情况从单位消防数据、建筑消防数据、消防档案、机构及人员等方面来进行评估,系统实时显示的二、三级指标情况如图 7.19 所示。单位消防数据维护情况评分为 52 分,造成分数低的原因主要有安全出口数不足、疏散楼梯数不足、无消防安全制度等。

从图 7.20 所示的数据完善情况来看,该单位基本未严格填报单位消防数据、建筑消防数据、消防档案和机构及人员等信息,系统显示各项消防数据极不完整,单位消防数据指标处于极高风险水平,安全可靠性极低,需要对单位消防数据予以完善。

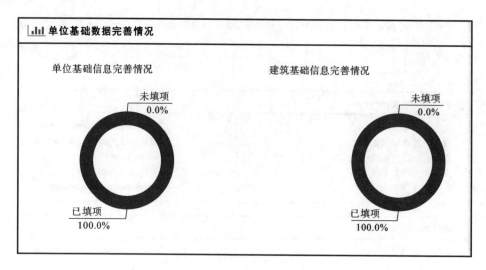

图 7.18 单位基础数据完善情况

图 7.19 单位消防数据维护

 单位消防数据完善情况

单位消防数据信息完善情况　　　　　　建筑消防数据信息完善情况

消防档案信息完善情况　　　　　　　机构及人员信息完善情况

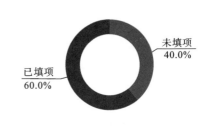

图 7.20　单位消防数据完善情况

3. 某体育场馆 A、B 时间域的对比分析

为清楚地表现某体育场馆连续使用该系统进行动态消防安全风险评估的效果,将 A 时间域与 B 时间域(间隔一个月后的)的各一级指标和二、三级指标进行对比,可明确总结出该体育场馆的隐患改善情况和仍存在的重点问题,为后续采取针对性对策提供参考。

1)综合风险和一级指标得分的对比分析

某体育场馆 A、B 时间域综合风险和一级指标得分的柱形图如图 7.21 所示。

从图 7.21 中可以看出,某体育场 B 时间域的综合风险得分较 A 时间域的得分高,主要是由于隐患管理情况得到有效改善,隐患显著减少,从而隐患管理的评分得到提高,进而综合得分也随之提高。

2)隐患的对比分析

(1)消防安全人员管理情况隐患对比。

该体育场馆在 A、B 时间域的消防安全人员管理都存在着同样的问题,即

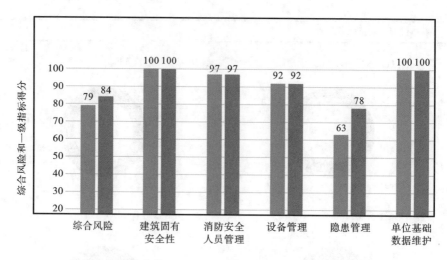

图 7.21 某体育场 A、B 时间域综合风险和一级指标得分对比

(蓝色为 A 时间域；红色为 B 时间域)

微型消防站人员配备不足。且该体育场的消防控制室持证人数为 3 人，而按照相关要求，应当配备不少于 6 人，该项指标在 A、B 时间域均处于高风险水平，安全可靠性低。

（2）设备设施管理隐患对比。

该体育场馆在 A、B 时间域的设备设施管理都存在着同样的问题，即缺乏维修记录，该项指标处于中风险水平，安全可靠性低。

（3）隐患管理隐患对比。

从 7 天隐患个数统计和 7 天隐患状态统计来看，B 时间域的隐患无论是个数还是状态都较 A 时间域有了明显改善，隐患情况得到了明显好转，具体如图 7.16 和图 7.22 所示。

（4）单位消防数据维护隐患对比。

该体育场馆在 A、B 时间域内单位消防数据维护都存在着同样的问题，即未严格填报单位消防数据、建筑消防数据、消防档案和机构及人员等信息，系统显示各项消防数据极不完整，单位消防数据维护指标处于极高风险水平，安全可靠性极低，需完善单位消防数据。

3）动态发展趋势

根据系统自动生成的动态消防安全风险评估报告分析，参考各一级指标得

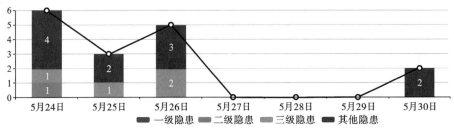

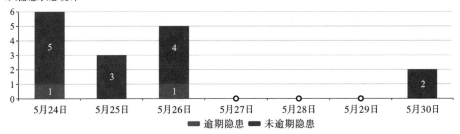

图 7.22　某体育场 B 时间域隐患个数、状态统计

分情况,对该体育场馆下一步消防工作提出如下建议。

(1)建筑固有安全性方面。

对于新建筑,应及时向消防部门申请消防验收;对于已投入使用的建筑,应维持各项要求,严格遵循消防验收标准,并且加强疏散设施的管理和维护,不堆放任何障碍物和可燃物,确保安全出口和疏散通道畅通,同时需检查疏散路径上的疏散指示标志和应急照明设备是否完好与有效,检查常闭式防火门是否处于常闭状态等。

(2)消防安全人员管理方面。

应严格遵循消防安全责任制度,按照相关规范要求,加强安全管理力度,提高消防安全意识。对从事消防安全工作的人员进行必要的培训,提高其消防知识水平,同时提升消防控制室人员持证率,为单位消防安全提供更多的安全保障。

(3)设备设施管理方面。

当设备设施频繁告警时,应按照相关规范要求,加强对消防主机、火灾报警系统、水喷淋系统等设备设施的安全检查力度,同时应进一步加强对消防设备设施日常维保工作的管理,将消防设备设施的检查和日常维保工作落到实处,使单位能及时排查设备安全隐患,随时掌握设备的运行状况。若遇到消防设备设施出现故障的问题,需要及时联系维保公司立即开展维保工作,保证消防设备设施随时处于良好状态。

(4)隐患管理方面。

发现隐患或部分隐患存在逾期未整改问题时,单位消防安全管理人员应加强重视并及时整改。在日常工作过程中,需根据相关法律规定,结合自身情况,定期开展隐患排查治理工作;做好日常巡查工作,巡查人员在巡查过程中若发现火灾隐患须立即上报,并采取相应的整改措施,整改结束后,单位需要执行隐患审核流程,确保火灾隐患得到消除。

(5)单位基础数据维护方面。

当单位基础数据存在未填写的情况时,单位数据填报负责人员须及时保质保量地将数据录入物联网系统;若部分基础数据存在变动的情况,单位数据填报负责人应主动进行数据更新。

(6)单位消防数据维护方面。

当单位消防数据存在未填写的情况时,单位数据填报负责人员需要及时保质保量地将数据录入物联网系统;若部分消防数据存在变动的情况,单位数据填报负责人应主动进行数据更新。

7.2.3 行业动态消防安全风险评估模块

某市物联网消防远程监控系统共接入联网场馆 9 家,以消防安全六要素,即建筑固有安全性、消防安全人员管理、设备设施管理、隐患管理、单位基础数据维护、单位消防数据维护等六方面的综合得分来评判联网场馆的消防安全风险,整体掌握全市联网场馆的消防安全现状。

1. 消防安全六要素综合分析

根据联网社会单位消防安全风险评估模型,计算出全市联网场馆消防安全六要素综合得分为 79 分,火灾风险等级为"中风险",联网场馆火灾风险处于可控制的水平,采取措施后达到可接受的水平。如图 7.23 所示:得分在 85 分以上、风险级别为"低风险"的联网场馆共有 3 家,占比为 33%;得分在 65～85 分之间、风险级别为"中风险"的联网场馆共有 6 家,占比为 67%;得分在 25~65 分之间、风险级别为"高风险"的联网场馆共有 0 家,占比为 0%;得分在 25 分以下、风险级别为"极高风险"的联网场馆共有 0 家,占比为 0%。

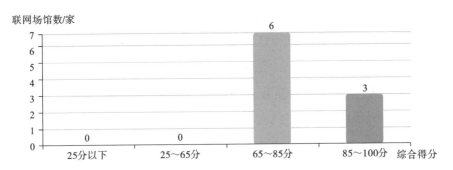

图 7.23　全市联网场馆消防安全六要素综合得分情况

2. 横向对比

各消防支队辖区内联网场馆的消防安全六要素综合得分情况如图 7.24 所示,B 支队、H 支队、J 支队等 3 个消防支队辖区内全市联网场馆消防安全平均得分在 85~100 分之间,火灾风险等级为"低风险";C 支队、E 支队、F 支队、I 支队等 6 个消防支队辖区内联网场馆消防安全平均得分在 65~85 分之间,火灾风险等级为"中风险";无消防支队辖区内联网场馆消防安全平均得分在 25~65

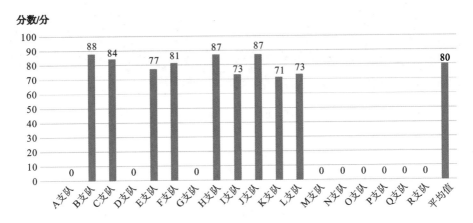

图 7.24　各消防支队辖区内联网场馆的消防安全六要素综合得分情况

分之间,火灾风险等级为"高风险";无消防支队辖区内联网场馆消防安全综合得分在 25 分以下,火灾风险等级为"极高风险"。

7.2.4 区域动态消防安全风险评估模块

为整体把握城市消防安全风险态势,除体育场馆外,其他行业的消防安全重点场所也接入了系统,形成以联网单位为"点",以行业为"线",以城市区域为"面"的"全链式"动态消防安全风险评估系统。

1. 联网单位消防安全风险动态监测

配备有该动态消防安全风险评估系统的单位可对任一联网单位的消防安全情况进行实时动态监测,系统可实时反映出该单位消防安全六要素的动态得分。如图 7.25 为某体育场馆动态消防安全风险评估系统运行图。

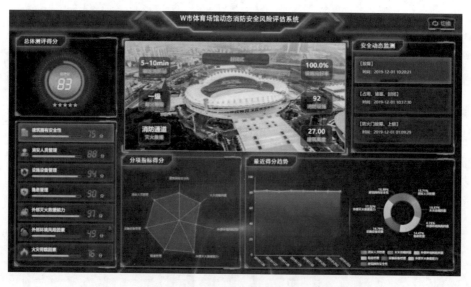

图 7.25　某体育场馆动态消防安全风险评估系统运行图[6]

2. 消防设备状态热力风险分析

基于联网对象消防设备设施状态监测数据的全面汇集,进行分时段、分类别的多维度热力分析。针对不同类别消防设备设施某一时段/时刻产生的各类型(故障、离线、屏蔽等)事件,利用 GIS 地图开展数据热力分析;同时,对各联网对象设备事件数量、发生时间、设备类型等关键要素进行多维图表分析,可视化突出重点关注区域、单位、时段等信息。

3. 告警事件热力风险分析

按照告警事件严重程度,将联网社会单位物联感知告警信号分为 A 类(火灾报警)、B 类(设施严重异常状态)、C 类(设施一般异常状态)、D 类(设施轻微异常状态)和消防控制室人员离岗类告警,同步创新制定预警分级推送规则,将不同类型告警分别推送至不同角色人员,有效降低误报对消防部门和单位物联监管造成的影响。基于联网对象各类告警事件推送数据的全面汇集,进行分时段、分类别的多维度热力分析。针对不同类别告警事件,利用 GIS 地图开展数据热力分析;同时,对各联网对象告警事件数量、发生时间等关键要素进行多维图表分析,可视化突出重点关注区域、单位、时段等信息。

7.2.5　系统建设成效

“全链式”动态消防安全风险评估系统,实现了单位、行业、区域消防安全风险的实时动态评估和预警。一方面,各类社会单位、消防安全重点场所、“九小”场所等被纳入统一的消防物联监管体系,构建了消防物联网应用生态圈。另一方面,消防监督管理部门根据系统输出的联网单位与区域动态消防安全风险评估结果每月进行工作研判与信息通报,建立起有效的火灾风险隐患预测预警机制,切实强化了城市消防管理工作效能。“全链式”动态消防安全风险评估系统的有效应用,成功构建了社会单位自主管理、监控中心协同监督、监管部门精准防控的火灾防控三级网络,全面提升了全市火灾隐患动态监测监管能力和消防工作社会化水平。

(1)从“事后追责”向“事前预防”转变,开创火灾防控新模式。

消防部门和单位主体能够通过物联网、移动互联网等信息化手段和大数据分析,实现火灾防控从“事后追责”向“事前预防”的转变,及时掌握隐患风险点,提前实施消防监管干预,将火灾隐患消灭在萌芽状态。同时,监管资源力量得到合理分配及时调派,有效保障社会火灾形势稳定。

(2)从“数字支撑”向“数据赋能”转变,助推消防治理新高度。

基于对社会单位消防安全关键要素数据的全面汇聚,依托消防安全风险评估与预警大数据分析模型和算法,充分发挥了单位自主消防安全管理的数据资源价值,为消防部门的监管工作提供数据指引,有效提高了监管工作效率,破解了消防监管工作"点多面广战线长"的难题。

(3)从"被动应付"向"主动跟进"转变,提升消防救援新动能。

打破网络壁垒,扩展社会单位与消防部门的信息互通渠道,单位现场火灾报警信息实时同步至城市消防指挥中心,极大提升了火灾报警效率,同时为消防救援队伍提供了翔实的初期火情基础信息,有效推动消防救援工作由"被动应付"向"主动跟进"的转变。

本章参考文献

[1] 杨琳.物联网背景下的城市消防远程监控系统探究[J].科技资讯,2018,16(3):14-15.

[2] 周琰,徐培龙.建筑消防给水系统智能巡检技术的研究及应用[J].自动化与仪器仪表,2021(4):211-214.

[3] 薛嵩.基于GIS的城市区域火灾风险评估系统开发研究[D].山西:太原理工大学,2019.

[4] 北京市公安局.北京市火灾高危单位风险评估导则(试行)[EB/OL].[2014-03-01].https://gaj.beijing.gov.cn/zhengce/xzgfxwj/202205/t20220512_2708801.html.

[5] 丁显孔.注册消防工程师资格考试大纲的修订和调整[J].消防界,2019,5(18):15-16.

[6] 卢颖,赵志攀,姜学鹏,等.大数据视域下体育场馆动态火灾风险指标研究[J].中国安全科学学报,2022,321(4):155-162.

第8章
展望

习近平总书记在党的二十大报告中宣示:"从现在起,中国共产党的中心任务就是团结带领全国各族人民全面建成社会主义现代化强国、实现第二个百年奋斗目标,以中国式现代化全面推进中华民族伟大复兴。"党的二十大擘画了全面建设社会主义现代化国家、以中国式现代化全面推进中华民族伟大复兴的宏伟蓝图,明确了新时代新征程党和国家事业发展的目标任务,吹响了奋进新征程的时代号角。党的二十大报告明确指出,坚持安全第一、预防为主,建立大安全大应急框架,完善公共安全体系,推动公共安全治理模式向事前预防转型。这为新时代做好消防安全工作提供了根本遵循、指明了前进方向。

国家消防救援局制定的《消防安全治本攻坚三年行动方案(2024—2026年)》明确了工作目标,提出强化风险研判机制,要求"以地市为单位,每年开展分析研判和调研评估,提出针对性防范对策措施。"城市重点场所动态消防安全风险评估是城市消防安全工作的重要组成部分,也将成为健全公共安全体系和推动智慧城市建设的重要组成部分。作者力求建立一套科学的城市重点场所动态消防安全风险评估理论与方法,探索先进理论和技术在消防安全风险评估中的实践与推广应用,以期反映国内外城市重点场所消防安全风险评估的研究现状和新趋势。未来大数据、物联网、云计算、移动互联网等新技术将驱动城市重点场所动态消防安全风险评估持续向智慧化方向快速发展。

本书确定各项评估指标的阈值,实现了动态消防安全风险评估指标的全量化。但部分指标阈值依据文献或云模型计算而确定,随着城市社会经济的发展及相关标准规范的更新,阈值也随之发生改变,因此,进一步加强动态指标阈值的更新研究工作,确保城市重点场所消防安全风险评估的科学性和评估结果的可比性。

随着消防物联网和移动互联网技术的广泛应用,城市重点场所的基础消防监测数据即将步入爆炸性增长的"大数据"时代。本书提出一套面向大数据的消防安全风险感知、数据清洗、特征选择、风险量化、预测建模的动态评估方法,对开展消防安全大数据研究具有一定借鉴意义。未来可进一步研究消防安全数据仓的集成与一体化风险感知、评估与预测技术,提高动态消防安全风险评估的精准性,打造面向大数据的消防安全风险数据治理体系。

随着人工智能技术的进一步发展,城市重点场所动态消防安全风险评估在历经"计算智能"和"感知智能"时代后,即将迎来"认知智能"时代。本书研发了一套"全链式"动态消防安全风险评估系统,实现了单位、行业、区域消防安全风险的实时动态评估和预警。未来可进一步研究新一代"人工智能+"技术在动态消防安全评估中的应用,促进城市重点场所动态消防安全风险评估的智慧化发展。